OBSERVATIONS

PATHOLOGIQUES

PROPRES A ÉCLAIRER

PLUSIEURS POINTS DE PHYSIOLOGIE.

AVIS DES LIBRAIRES-ÉDITEURS.

Continuellement sollicités pour donner une nouvelle édition de la *Thèse* soutenue le 6 août 1818 à la Faculté de Médecine de Paris, par M. F. Lallemand, nous cédons aux désirs du public, et nous la reproduisons aujourd'hui sous le format in-8°., sans aucuns changemens, l'auteur n'ayant pas cru devoir en faire.

OUVRAGES

DE M. LE PROFESSEUR LALLEMAND,

Qu'on trouve chez les mêmes Libraires :

Recherches Anatomico-Pathologiques sur l'Encéphale et ses dépendances ; Lettres 1, 2, 3 et 4. Paris, 1820 - 1823, in-8°. . . . 12 fr. 50 c.

Observations sur les maladies des organes génito-urinaires. Paris, 1825, in-8°, fig. . . . . 4 fr. 50 c.

OBSERVATIONS
PATHOLOGIQUES

PROPRES A ÉCLAIRER

PLUSIEURS POINTS DE PHYSIOLOGIE ;

PAR F. LALLEMAND,

Professeur de Clinique chirurgicale à la Faculté de Montpellier.

> Νομίζω δὲ ὅτι περὶ φύσιος γνῶναι τὶ σαφὲς, ουδανόθεν ἄλλοθεν ἔσται, ἢ ἐξ ἰητρικῆς.
>
> « Je pense que les connaissances les plus positives en physiologie ne peuvent venir que de la médecine. »
>
> ΙΠΠΟΚΡ., περι αρχαιης ιητρικης.

DEUXIÈME ÉDITION.

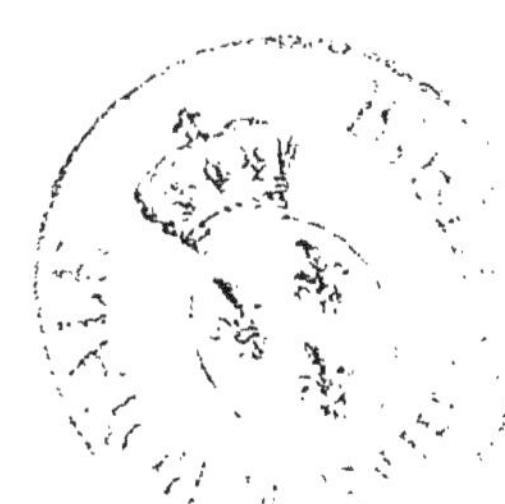

A PARIS,

CHEZ GABON ET COMPAGNIE, LIBRAIRES,

RUE DE L'ÉCOLE-DE-MÉDECINE ;

ET A MONTPELLIER, CHEZ LES MÊMES LIBRAIRES.

1825.

A MON MEILLEUR AMI,

MON PÈRE.

A MES MAITRES,

MONSIEUR DUPUYTREN,

ET

MONSIEUR RECAMIER.

F. LALLEMAND.

AVANT-PROPOS.

Placé comme interne dans l'un des hôpitaux de Paris, où se trouvent, pour ainsi dire, réunies toutes les maladies qui peuvent affliger l'espèce humaine, je me suis plus spécialement occupé de pathologie que de physiologie. Cependant, parmi les observations que j'ai eu l'occasion de recueillir, il m'a semblé que plusieurs pouvaient jeter un jour nouveau sur différens points de physiologie; que d'autres étaient en opposition avec des opinions admises, d'après des recherches d'anatomie comparée ou des expériences faites sur les animaux. Plus j'y ai réfléchi, plus j'ai été surpris du peu d'attention que le plus grand nombre des physiologistes ont donné à l'observation des maladies, et du peu de cas que font, de la physiologie, la plupart des praticiens au lit du malade ; plus aussi j'ai été convaincu que ces deux sciences, ou plutôt ces deux branches de la science de l'homme, sont inséparables.

Si la physiologie a mérité trop longtemps d'être regardée comme un roman, elle n'a fait que subir le sort de toutes les sciences. L'imagination étant la plus puissante et la plus active des facultés de l'homme, il a toujours commencé par s'occuper de la recherche des causes premières ; par vouloir tout expliquer, tout généraliser, avant de penser à rassembler des matériaux solides. Telle a toujours été la marche singulière de l'esprit humain dans la recherche de la vérité ; et la physique et la chimie, qu'on appelle *sciences exactes*, ont mérité plus long-temps le reproche fait à la physiologie. Qu'on compare seulement la physiologie du temps d'Hippocrate, et la chimie il y a quarante ans. Plus tard, enrichie des connaissances anatomiques et zoologiques, des données fournies par les *vivisections*, des découvertes modernes de la chimie et de la physique, la physiologie marcha d'un pas plus assuré, et cessa de reposer sur de vaines hypothèses. Cependant les médecins n'y attachèrent pas grande importance; ils affectèrent de la regarder comme un délassement de travaux plus sérieux, une étude de pure curiosité, qui ne pouvait avoir aucune application utile. Si les praticiens n'étaient pas physiologistes, il faut s'en prendre à ce que les physiologistes n'étaient pas praticiens; à ce qu'étudiant la nature vivante presque exclusivement sur les animaux, ils arrivaient à des conséquences que les premiers ne trouvaient pas conformes à leurs observations sur l'homme.

Il est vrai que l'anatomie comparée

agrandit la sphère de nos idées, conduit à des lois générales qui satisfont l'esprit; mais leur application à l'homme a besoin d'être confirmée par les faits tirés de l'observation de l'homme. La zoologie elle-même nous apprend que la nature arrive au même but par des moyens tout-à-fait différens, qu'elle semble s'être plue à combiner les organes les plus disparates de manière à réaliser, pour ainsi dire, toutes les combinaisons possibles. Un organe servant rarement à une seule fonction, les modifications apportées dans cet organe influent non-seulement sur cette fonction, mais encore sur celles de beaucoup d'autres. Je conçois que le désir de voir à l'œil nu le jeu de ces organes a facilement triomphé de la répugnance que l'observateur le plus zélé a dû éprouver à mutiler de sang-froid des animaux vivans. Je dirai même que les *vivisections* ont fait faire des découvertes importantes; mais la pathologie n'offret-elle pas à chaque instant au praticien des moyens aussi nombreux, aussi variés et plus sûrs, d'arriver au même but? Est-il possible de tenir compte, dans une expérience, de l'état de souffrance dans lequel se trouve l'animal, de l'influence d'un organe lésé sur les fonctions de celui qu'on veut observer, des hémorrhagies, etc.? Quand on fait une expérience, c'est ordinairement dans l'intention d'y trouver la preuve d'une idée dont on est préoccupé; il est bien difficile alors de se garantir de toute prévention; et la preuve, c'est que les mêmes expériences, faites dans les mêmes circonstances par des hommes également recommandables, ont servi à soutenir des opinions tout-à-fait opposées. Enfin, puisque les résultats de ces expériences diffèrent suivant les espèces, suivant l'âge de l'animal, peut-on en faire une application rigoureuse à l'homme? Si l'on a cru suivre, pour la physiologie, la marche expérimentale de la physique et de la chimie, on s'est évidemment trompé; car, pour connaître la nature et les propriétés d'un corps, on ne se contente pas de multiplier les analyses et les expériences sur les corps qui s'en rapprochent davantage. La zoologie et les *vivisections* ne peuvent donc fournir à la science de l'homme que des analogies, qui ne dispensent pas d'étudier l'homme sur l'homme lui-même : surtout si, comme on en sent aujourd'hui la nécessité, on veut faire une application de ces connaissances à la médecine. Mais, dira-t-on, puisque la ressource des expériences directes nous manque, il faut bien procéder par voie d'analogie! Sans doute qu'on peut s'en aider; mais pourquoi ne profiterait-on pas des expériences que le hasard nous offre toutes faites dans les maladies, tant chirurgicales que médicales, dans les vices de conformation, etc., etc.? De cette manière, des conséquences rigoureuses, déduites de faits positifs, ne pourraient plus conduire à des applications fausses. De cette manière, la science de l'homme, assise sur des fondemens solides, pourrait devenir aussi exacte que les autres sciences d'observation. Alors elle ne serait plus une étude de pure curiosité; on pourrait en faire l'application à la pratique; on pourrait la regarder, avec Hippocrate, comme la première étude de l'art de guérir (1).

Telle était la pensée de cet homme aussi étonnant par la force de son génie que par la rectitude de son jugement (voyez le passage qui m'a servi d'épigraphe); et comme s'il croyait ne pouvoir trop insister sur une vérité aussi importante, il ajoute : « Et de plus, je » pense qu'on ne peut la savoir (la phy-

---

(1) *Φυσις δὲ του σώματος ἀρχὴ του εν ιητικῇ λογου.* (*Περι τοπων κατ ανθρωπων.*)

» siologie) que quand on *possède bien* » *toute la médecine.* » Τοῦτο δὲ οἷόν καταμαθεῖν ὅταν αὐτήν τις τὴν ἰητρικὴν ὀρθῶς πᾶσαν περιλάβῃ.

Enfin tout porte à croire que ce fut parce qu'il exista des maladies, et qu'on s'occupa de leur guérison, qu'on sentit le besoin de connaître la nature de l'homme : dès qu'on voulut rechercher les causes de la mort, on dut se demander ce que c'était que la vie. On n'a pu remonter aux causes des maladies sans s'occuper des rapports de l'homme avec les corps extérieurs. En un mot, l'état de l'homme malade a exigé l'étude de l'homme en santé.

Je n'ai pas besoin d'insister aujourd'hui sur la nécessité d'appliquer la physiologie à la médecine. Mon intention est de prouver par des faits que la pathologie est pour la physiologie une source aussi féconde, mais beaucoup plus sûre, que la zoologie et les vivisections, et d'attirer l'attention des physiologistes sur une mine inépuisable, jusqu'à présent trop négligée. Ces faits me conduisent à examiner différentes questions de physiologie auxquelles ils se rattachent; ce qui forme autant de chapitres séparés. Je commence toujours par rapporter des observations ; je les analyse, j'examine en quoi elles sont conformes ou opposées aux différentes opinions des auteurs ; j'en déduis des conséquences qui ne sont, autant que possible, que l'expression abrégée des faits. Je n'ai voulu parler que de ce que j'avais vu, et mes réflexions se bornent à ce qui a directement rapport aux faits en question. Je ne rapporte avec quelque détail que les observations rares; je ne fais qu'indiquer celles qu'on rencontre journellement dans la pratique, et je ne cite textuellement les auteurs que lorsque cela est indispensable.

Il n'est peut-être pas inutile de faire observer que les faits que je rapporte ont eu pour témoins la plupart des praticiens de l'Hôtel-Dieu, et les nombreux élèves qui suivent cet hôpital. Si je n'en ai pas tiré un parti convenable, ils pourront servir à d'autres; car les faits particuliers sont les seuls matériaux solides à l'aide desquels le temps achève lentement l'édifice des sciences.

---

chirer : cette substance formait un kyste dont les parois avaient une ligne d'épaisseur ; sa cavité, de cinq à six lignes de diamètre, était lisse, sans aucune ouverture, soit vis-à-vis du col, soit près de l'orifice des trompes. A l'ovaire, du côté gauche, et au ligament large, du même côté, adhérait une masse spongieuse, qui de là s'étendait à l'S du colon et à la paroi postérieure de la matrice, recouverte antérieurement par la partie inférieure du grand épiploon. Cette masse spongieuse, rouge, facile à déchirer, avait dans certains points l'apparence des fausses membranes produites par l'inflammation des membranes séreuses; d'autres portions, examinées de près, avaient tant de ressemblance avec le tissu du placenta, que ce fut la première comparaison qui s'offrit à l'esprit des assistans. En écartant l'épiploon et le colon pour examiner l'intérieur du bassin, on aperçut une poche remplie d'eau, au milieu de laquelle flottaient les deux pieds d'un fœtus, dont le corps et la tête étaient cachés au fond du bassin. La quantité de la sérosité qui s'écoula fut évaluée approximativement à douze onces. Le fœtus annonçait environ six mois : il avait les chairs fermes; la peau, couverte de l'enduit ordinaire, n'avait éprouvé aucune altération ; toutes les parties étaient bien conformées, excepté le crâne, qui était aplati et contourné, à cause des obstacles qu'il avait rencontrés dans son développement. Le cordon ombilical, qui avait onze pouces, s'insérait sur le bord du placenta par plusieurs vaisseaux très-gros : les membranes chorion et amnios, bien distinctes et faciles à séparer l'une de l'autre, tapissaient la presque totalité de la cavité du bassin; le chorion adhérait aux parties environnantes au moyen du tissu tomenteux, rougeâtre et vasculaire, dont j'ai parlé : en détachant avec soin cette *fausse membrane*, on voyait une innombrable quantité de vaisseaux très-déliés, venant du péritoine, se perdre à sa face externe; d'autres semblables unissaient sa face interne au chorion. Vers la circonférence du placenta (qui pouvait avoir 5 pouces de diamètre et peser 7 à 8 onces), cette membrane devenait plus ferme, plus épaisse, d'un rouge tirant sur le brun, et avait tout-à-fait l'aspect de ces caillots en partie organisés qu'on rencontre dans les anévrysmes anciens : homogène, facile à déchirer, elle avait dans des endroits jusqu'à une ligne d'épaisseur.

On apercevait vis-à-vis les attaches du placenta des vaisseaux sanguins aussi visibles que ceux de la conjonctive enflammée, qui se portaient du péritoine dans l'épaisseur de cette membrane, où on les perdait après un court trajet qu'ils parcouraient en serpentant. D'autres, venant du placenta, s'y rendaient de la même manière; s'ils s'anastomosaient entre eux dans l'épaisseur de cette membrane, ce qui est très-probable, ce ne pouvait être que par leurs ramifications les plus déliées, car on ne les voyait pas se continuer les uns avec les autres. Vis-à-vis des points d'insertion du placenta le péritoine était si injecté, qu'il avait une couleur noirâtre; quelques-uns des vaisseaux qui s'y rendaient avaient le volume d'une plume de corbeau.

Presque toutes les circonstances de cette observation méritent d'être notées, parce qu'elles permettent de rendre compte des phénomènes qui ont eu lieu, et de suivre, pour ainsi dire, la nature pas à pas.

Hippocrate disait que la femme était toute entière dans l'utérus : jamais ces expressions ne furent plus applicables qu'à celle dont nous parlons; et cette prédominance d'action des organes de la génération, qui influait si puissamment sur ses passions, n'est pas la moins remarquable, puisqu'il en est résulté une disposition réciproque, c'est-à-dire une plus grande susceptibilité à être influencée par les affections morales.

C'est dans les premiers jours d'octobre 1815 que les deux époux furent surpris, comme nous l'avons dit, immédiatement après le coït; c'est la même nuit qu'ont commencé à se développer les premiers symptômes de la maladie qu'ils attribuaient à la frayeur : la mort a eu lieu le 30 mars, ce qui fait un intervalle de six mois : or nous avons dit que les dimensions du fœtus annonçaient six mois d'existence. D'après le rapprochement des dates et des autres circonstances dont nous avons parlé, on ne peut rapporter la fécondation qu'au moment précis du coït en question : il paraît évident que la frayeur apportant un relâchement général dans tous les tissus de l'économie, a fait cesser l'état d'éréthisme des trompes utérines (c'est surtout sur les tissus érectiles que ses effets sont plus prononcés), et que l'œuf, en se détachant de l'ovaire, ne rencontrant plus le conduit qui devait le transmettre à l'utérus, est tombé dans la cavité du péritoine.

Il est, en outre, facile de démontrer que l'œuf n'a pas dû tarder long-temps à se détacher; car, après avoir éprouvé du malaise pendant toute la nuit, la malade se plaignit le lendemain d'une douleur fixe dans le côté gauche du bas-ventre. Or, on sait par des expériences positives (Bichat et Marandel), que les tissus séreux ne sont sensibles que plus ou moins de temps après qu'une inflammation s'en est emparée. Cependant Nuck rapporte (*Adenographiæ curiosorum*, cap. 7, p. 69) avoir lié la trompe gauche à une chienne trois jours après un accouplement qu'il supposa fécond, et avoir trouvé, au bout de vingt-un jours, deux petits chiens dans la partie de la trompe qui correspondait à l'ovaire au-dessus de la ligature, tandis que la partie inférieure était entièrement vide. Je ne sais pas jusqu'à quel point les expériences de Nuck doivent inspirer de confiance; mais j'avoue que je ne puis concevoir qu'il ait ouvert le ventre d'une chienne, qu'il ait lié une des trompes, au point d'empêcher l'œuf de descendre, et que, malgré tout cela, cette même trompe soit restée exactement appliquée à l'ovaire, de manière à recevoir, comme à l'ordinaire, les fœtus à mesure qu'ils se détacheraient.

Qu'il me soit donc permis de douter de l'exactitude de l'expérience de Nuck, et d'ajouter plus de confiance à celle que la nature a faite spontanément. D'ailleurs, ce que nous savons de la manière de se comporter des tissus érectiles ne permet pas de croire que l'œuf tarde aussi long-temps qu'on le pense généralement à descendre dans la trompe utérine; il faudrait pour cela qu'elle restât pendant plusieurs jours dans un état d'éréthisme continuel; car cet état est indispensable pour que la trompe reste appliquée à l'ovaire.

Ce que nous avons dit du tempérament et de la jalousie de cette femme nous montre quelle est l'influence des organes sur les passions; et la manière dont est survenue la grossesse extra-utérine prouve en même temps l'influence des affections morales sur les mêmes organes. Nous voyons encore que l'organe qui a le plus d'influence sur l'économie est aussi celui qui est le plus susceptible d'être influencé. Nous avons dit que la matrice avait augmenté de volume, que sa cavité était dilatée, circonstance qu'on observe dans toutes les grossesses extra-utérines. Ainsi la matrice entre en action toutes les fois qu'il y a fécondation, quel que soit le lieu où le fœtus se développe; elle ne se dilate pas d'une manière passive.

Quant au corps membraniforme trouvé dans la matrice, c'était évidemment la membrane caduque, épichorion de M. le professeur Chaussier. Cette circonstance n'avait point échappé à ce profond observateur; il l'a toujours rencontrée dans les différens cas de grossesse tubaire qu'il a observés. (*Bulletin de la Faculté de Médecine de Paris*, 1814, n°. 6, dixième année, t. 4, p. 137.) Meckel avait remarqué la même chose dans un cas semblable. (*De Conceptione extra-uterinâ dissert.* WEINKNECHT.) Ainsi l'épichorion n'est pas une membrane propre à l'œuf; c'est un produit de la matrice.

La membrane que nous avons trouvée entre le péritoine et le chorion n'était pas descendue avec l'œuf, puisque nous avons trouvé la caduque dans l'utérus. Elle s'était donc développée accidentellement à la surface du péritoine, de la même manière que les fausses membranes, c'est-à-dire par l'effet d'une inflammation, puisque la maladie a offert tous les symptômes d'une péritonite. L'œuf a certainement été la cause de cette inflammation; il a produit à la surface du péritoine le même effet qu'un corps étranger, avec cette différence, qu'étant doué de la vie, il a pu contracter des adhérences avec cette fausse membrane. Elle était tomenteuse, plus vasculaire et plus épaisse vis-à-vis du placenta que partout ailleurs : or, la membrane caduque offre exactement la même disposition vers le sixième mois de la grossesse. D'un autre côté, nous ne pouvons pas nous dispenser d'assimiler cette membrane à celles qui se forment à la surface des séreuses, à la suite d'inflammation; elle était seulement plus rouge, parce qu'elle contenait plus de vaisseaux, et l'on conçoit facilement que ce grand nombre de vaisseaux tenait à la présence du fœtus.

Cette membrane accidentelle de l'œuf est donc une transition naturelle qui nous conduit des fausses membranes ordinaires à la caduque, et nous explique sa formation et ses usages. Elle n'est donc pas, comme on l'a cru, le produit d'une exfoliation de la *membrane muqueuse* de l'utérus, ni de la dégénérescence du sperme dans sa cavité. (M. Roux, *Anat. descript.* de Bichat, t. 5, p. 368.) Il faut donc admettre, avec G. Hunter, qu'elle est formée par un mécanisme analogue à celui qui produit les autres fausses membranes.

On sait, en effet, que la matrice, après la conception, entre dans un état de turgescence qui a la plus grande analogie avec l'état inflammatoire. La ressemblance est si frappante, que G. Harvey, d'après ses expériences sur les daims, compare l'utérus, dans ce moment, à la lèvre d'un enfant piquée par une abeille. (*De Generat. anim.*, p. 227.) Nous ne pouvons pas attribuer cet état à la présence du fœtus dans la cavité de la matrice, puisqu'on rencontre la membrane caduque dans tous les cas de conception extra-utérine. Il est très-probable que c'est le contact de la liqueur séminale à la surface de la matrice qui détermine un si grand changement dans ses propriétés vitales.

Pour expliquer la communication de la mère avec le fœtus, on a supposé que les vaisseaux de la matrice se continuaient directement avec ceux du placenta; et Haller, dans ses *Elémens de Physiologie* (t. 8, p. 250), dit que des injections ont passé des vaisseaux de la mère dans ceux du fœtus; mais il n'a pas fait lui-même ces expériences, et depuis elles ont été tentées sans succès par un très-grand nombre d'anatomistes et de physiologistes recommandables. Les injections se sont toujours épanchées entre l'utérus et le placenta, soit qu'on les ait poussées par le cordon ombilical, soit qu'on ait injecté les vaisseaux utérins.

Cette opinion a donc été abandonnée, et l'on a généralement admis qu'il se faisait entre les cotylédons du placenta et la surface interne de l'utérus un épanchement du sang du fœtus et de celui de la mère, dans lequel les radicules veineuses de l'un et de l'autre venaient également puiser. Mais d'abord, de ce mélange du sang il devrait résulter qu'une partie de celui qui vient du fœtus lui serait rapporté, ce qui est peu probable; ensuite, cet épanchement est une supposition purement gratuite que rien ne démontre. Nous savons, au contraire, que, quand cet épanchement survient accidentellement, il en résulte un décollement du placenta, des hémorrhagies; et lorsqu'elles s'arrêtent, c'est qu'il se forme un caillot qui bouche l'orifice des vaisseaux. J'ai détaché avec le plus grand soin, du côté du placenta et du côté du péritoine, la membrane accidentelle qui enveloppait l'œuf, et je n'ai rien aperçu que des vaisseaux qui se déchiraient à mesure que s'opérait le décollement, et laissaient suinter quelques gouttes de sang. La surface du placenta était plus unie que dans les cas ordinaires; on n'y distinguait point de sinus; ce qui doit faire croire que cette disposition n'est pas indispensable à la circulation du fœtus.

Enfin, dans les animaux qui n'ont pas de placenta, comme le cochon, par exemple, cet épanchement ne pourrait avoir lieu. Cette théorie n'est donc pas admissible.

Comment expliquer alors cette communication de la mère avec le fœtus?

Si nous examinons par quels moyens la nature établit des adhérences, une véritable continuité de tissu entre des surfaces qui n'étaient que contiguës, nous voyons que c'est par une exsudation couenneuse produite par un travail inflammatoire. Peu à peu cette substance prend de la consistance, s'organise; il s'y développe des vaisseaux sanguins assez gros pour être visibles à l'œil nu; il se produit une membrane accidentelle; la circulation s'y fait sans que le sang *s'extravase* à la surface du tissu avec lequel elle communique; et cependant, chose remarquable, les injections ne pénètrent pas dans le système capillaire de ces fausses membranes, à moins qu'elles ne soient entièrement transformées en tissu cellulaire. J'ai vu plusieurs fois, après des inflammations, des injections qui avaient pénétré dans les vaisseaux de la plèvre et du péritoine, au point de rendre ces membranes toutes noires, sans qu'il en ait passé la moindre parcelle dans ceux de ces fausses membranes, qui étaient cependant visibles à l'œil nu.

Nous avons vu que la membrane qui enveloppait l'œuf était une production semblable aux autres fausses membranes, avec cette seule différence, qu'elle était plus vasculaire. La circulation a donc dû se faire dans cette caduque accidentelle de la même manière que dans les autres fausses membranes. On regarde le système capillaire comme composé d'un ordre de vaisseaux qui ne sont ni veineux, ni artériels, dans lesquels la circulation est indépendante de l'influence du cœur : mais les vaisseaux qui se développent dans ces fausses membranes ne sont que des vaisseaux capillaires qui communiquent avec ceux des tissus avec lesquels ils sont en contact. D'une autre part, le fœtus ne pourrait exister long-temps, s'il ne puisait dans le sang de sa mère les matériaux nécessaires à sa nutrition : il faut pour cela qu'il s'établisse une adhérence entre l'œuf et la surface sur laquelle il est déposé : or, rien n'était plus propre à établir une communication entre la mère et le fœtus, que la sécrétion d'une substance couenneuse jouissant de l'étonnante faculté de s'organiser, de développer dans son épaisseur des vaisseaux nombreux. C'est aussi ce qui est arrivé dans le cas de grossesse extra-utérine dont nous parlons; il serait même impossible de concevoir que le fœtus ait pu se développer sans cela. Nous voyons qu'une membrane semblable est constamment produite dans la matrice et de la même manière; tout doit porter à croire que c'est aussi dans le même but. En effet, quoique Hunter ait prétendu qu'on ne rencontrait la membrane caduque que dans les singes, il est certain qu'on la trouve chez tous les mammifères, même dans ceux qui n'ont pas de placenta, proprement dit. (*Voy*. HALLER, *Elementa physiol.*, tom. 8, pag. 192; LOBSTEIN, ouvrage cité; et la thèse de M. MOREAU, sur la disposition de la membrane caduque, année 1814, n.° 186.)

Les changemens qui surviennent dans la membrane caduque aux différentes époques de la grossesse prouvent encore qu'elle n'a d'autres fonctions que de se servir de moyens d'union entre les vaisseaux de la mère et ceux de l'œuf. Dans les premiers temps, en effet, elle est également épaisse dans tous les points; ses vaisseaux, ainsi que ceux du chorion, sont uniformément répandus; mais peu à peu les vaisseaux qui doivent former le placenta se rapprochent, augmentent de volume, se réunissent; le placenta forme une masse distincte; les autres vaisseaux de la surface de l'œuf diminuent dans la même proportion: aussi la membrane caduque s'épaissit de plus en plus vis-à-vis du placenta; elle prend une couleur plus rouge par le développement de ses vaisseaux, tandis que le reste s'amincit, devient plus blanc, parce que ses vaisseaux s'oblitèrent. Cette disposition était surtout remarquable dans l'épichorion accidentel, comme nous l'avons fait remarquer.

Il me semble donc que la membrane caduque a la plus grande analogie, par sa nature et le mécanisme de sa formation, avec les fausses membranes produites par inflammation; qu'elle n'a d'autre fonction que de servir au développement du système capillaire, qui doit être le moyen de communication entre les vaisseaux de la mère et ceux du fœtus.

Communication entre deux placenta réunis en une seule masse, dans quelques cas de grossesse double.

Dans les cas de grossesse composée, lorsque les placenta sont réunis de manière à ne former qu'une seule masse, les vaisseaux de l'un des fœtus communiquent-ils avec ceux de l'autre? Et, dans ce cas, peut-on supposer que pendant la vie le sang de l'un puisse se mêler avec celui de l'autre? La plupart des auteurs d'accouchement, fondés plutôt sur le raisonnement que sur l'expérience, nièrent la continuité des vaisseaux. (*Voyez* les ouvrages de Levret, Baudelocque, Gardien, Capuron, Maigrier.)

Cependant Smellie était parvenu à injecter la totalité d'un placenta provenant d'une grossesse double, en poussant l'injection par un seul cordon. Dans ces derniers temps, M. le professeur Chaussier avait obtenu les mêmes résultats, ainsi que MM. Breschet, Béclard et

Lebreton. Mais, après la mort, les injections ne sont pas toujours un moyen exact d'apprécier la communication libre des vaisseaux pendant la vie. On fait facilement parvenir un liquide coloré, encore mieux du mercure, dans les conduits biliaires par les artères hépatiques, dans les uretères par les artères rénales, etc. On ne pouvait donc pas admettre rigoureusement que cette communication libre existât pendant la vie, puisqu'on n'avait pas d'observation qui le prouvât sans réplique. Voici des faits qui ne peuvent plus laisser aucun doute à cet égard.

Au commencement de 1816, je fus appelé, avec M. le docteur Patissier, près d'une femme en travail, dans la salle Sainte-Jeanne de l'Hôtel-Dieu. Nous avions remarqué, au commencement du travail, que la matrice était fort large, et qu'on pouvait sentir à travers les parois de l'abdomen une dépression assez sensible sur la partie moyenne de cet organe, vers le sommet; dépression qui était plus prononcée dans le moment des douleurs. Après un travail de quelques heures il sortit naturellement un fœtus bienportant, qui paraissait avoir sept ou huit mois. Quand on eut coupé le cordon ombilical, et lié le bout qui tenait à l'enfant, M. Patissier, qui tenait celui qui répond au placenta, s'aperçut qu'il donnait plus de sang que de coutume ; ce qui fit examiner la chose de plus près. Alors tous ceux qui étaient présens purent se convaincre que le sang qui sortait était lancé par saccade à une assez grande distance, absolument comme le ferait, dans une amputation, une artère d'un petit calibre. Quelle pouvait en être la source ? Le sang ne pouvait venir de la mère avec cette impétuosité et ces jets interrompus qui annonçaient l'influence du cœur : d'ailleurs, quand le fœtus est sorti, la circulation cesse ordinairement dans le placenta. Nous pensâmes donc aussitôt qu'il existait un second fœtus dans la matrice, surtout en nous rappelant la forme qu'elle avait au commencement du travail; et le toucher confirma cette présomption. Comme le jet de sang était considérable chaque fois qu'on cessait de comprimer le cordon, il fut lié. Les contractions de la matrice devenant plus fortes et plus rapprochées, l'enfant se présentant bien, l'accouchement se termina naturellement. Le second fœtus était semblable au premier. Après la section du cordon, il ne sortit pas de sang par le bout qui tenait au placenta : la délivrance n'offrit rien de particulier. Les deux placenta étaient réunis en une masse commune, quoique les membranes adossées ne fussent que contiguës. L'un des cordons s'implantait au centre de la masse, et l'autre sur la circonférence. On n'essaya pas d'injecter le placenta, parce qu'une portion avait été déchirée ; mais il était évident que non-seulement il existait pendant la vie des deux fœtus une communication de l'un avec l'autre, mais encore qu'elle avait lieu par de gros vaisseaux, puisque le sang sortait du cordon ombilical coupé, comme s'il n'eût été qu'une continuation de l'autre. Cela peut encore donner une idée de la force de contraction du cœur chez un fœtus de sept mois environ.

Si l'observation que j'ai rapportée ne paraissait pas concluante, en voici une autre qui semble en être le complément.

A quelques jours de là, un professeur d'accouchemens, recommandable sous tous les rapports, fit part à ses élèves du fait suivant. (Je crois devoir me dispenser de le nommer, quoiqu'il l'ait rapporté publiquement avec une franchise qu'on ne peut trop louer.) Appelé près d'une femme en travail, il reconnut, après la sortie d'un premier fœtus né vivant, qu'il en existait un second dans l'utérus. Occupé de l'enfant, il n'examina pas la portion du cordon qui tenait au placenta. Bientôt le fœtus resté dans la matrice exécuta des mouvemens brusques et comme convulsifs, que le praticien reconnut, sa main étant appliquée sur l'abdomen ; ils étaient si violens, qu'ils causaient à la mère des secousses fort douloureuses ; mais au bout d'un instant ils cessèrent tout-à-coup. La tête était alors descendue dans l'excavation du bassin : l'application du forceps paraissant indiquée, elle fut faite promptement et sans difficulté. Ce second fœtus était aussi fort, aussi bien conformé que le premier, mais il était pâle, décoloré, tout-à-fait exsangue ; aucun secours ne put le rappeler à la vie. La délivrance n'offrit rien de particulier : les deux placenta ne formaient qu'une seule masse, au centre de laquelle s'insérait un des cordons, tandis que l'autre s'implantait à la circonférence. Cette observation, rapprochée de la première, est trop claire pour que j'aie besoin d'y ajouter la moindre réflexion ; j'en aurai dit assez en faisant observer que le professeur lui-même a fait connaître à ses élèves toute sa pensée sur un cas de pratique aussi malheureux.

Cette communication des deux placenta réunis en une masse commune paraît être une disposition plus fréquente qu'on ne pense, si l'on en juge d'après les injections faites dans ces derniers temps. Cependant, parmi les auteurs qui ont écrit sur les accouchemens, les uns ne parlent pas de la ligature des deux bouts du cordon dans les cas de grossesse composée ; les autres la regardent comme inutile; quelques-uns seulement la recommandent vaguement, sans paraître y attacher une grande importance. Il pourrait donc paraître surprenant qu'étant généralement négligée dans la pratique journalière des accouchemens, il n'arrivât pas de temps en temps des événemens semblables au dernier que nous avons rapporté. Mais de ce qu'on n'en trouve pas d'exemple dans les auteurs, nous nous garderons bien d'en conclure qu'ils ne se sont pas présentés; car, dans beaucoup de cas, la cause de la mort du second fœtus a pu ne pas être soupçonnée, et l'on peut raisonnablement supposer que dans d'autres on a gardé le silence. Je n'ai pas besoin de faire observer combien il est important d'éveiller l'attention des accoucheurs sur une disposition qui peut avoir des suites si fâcheuses, ni d'insister sur la précaution de lier les deux bouts du cordon toutes les fois qu'il existe dans la matrice un autre fœtus.

OBSERVATIONS

SUR LES FONCTIONS DES DIFFÉRENTES PARTIES DU SYSTÈME NERVEUX.

Grand sympathique.

Vers la fin de février 1816, on reçut à l'Hôtel-Dieu, salle Sainte-Jeanne, n°. 77, une femme d'environ quarante ans, enceinte pour la sixième fois. Les cinq premières couches avaient été fort heureuses; tous ses enfans étaient venus à terme, forts et bien portans; mais sa dernière grossesse avait été si orageuse, que depuis six mois sa constitution, autrefois très-robuste, était entièrement détériorée. La peau était devenue transparente, d'un jaune-paille; le tissu cellulaire sous-cutané était généralement infiltré de sérosité, surtout aux paupières. Le ventre était énormément distendu; ce qui tenait non-seulement au volume vraiment extraordinaire de la matrice, mais encore à une hydropisie du péritoine, très-facile à reconnaître. Aussi la malade ne pouvait se coucher horizontalement sans être menacée de suffocation : elle jugeait qu'elle était au huitième mois de sa grossesse par l'époque où elle avait commencé à sentir les mouvemens du fœtus. Deux jours avant d'accoucher elle faisait observer qu'elle les sentait encore distinctement, mais qu'ils étaient moins forts que dans les grossesses précédentes; circonstances fort importantes, comme nous le verrons.

Les douleurs qui annonçaient le travail de l'accouchement se succédèrent rapidement; la poche des eaux se rompit peu de temps après. Pour avoir une idée de l'énorme quantité de liquide qui s'échappa dans ce moment de la matrice, qu'on se figure qu'après avoir traversé les matelas et la paillasse il s'en répandit encore beaucoup au loin dans la salle sous les lits voisins. Après cette évacuation les douleurs redoublèrent d'intensité, et le fœtus fut expulsé tout d'un coup sans rencontrer presque aucune résistance : ce qui tenait à l'affaissement de la voûte du crâne (car il n'avait ni cerveau, ni cervelet, ni moelle épinière), et peut-être à la grande distension de la matrice. Quoi qu'il en soit, cette expulsion inattendue du fœtus a été cause que je n'ai pu savoir s'il avait donné quelques signes de vie immédiatement après la naissance, parce que, dans ce moment, la veilleuse était allée chercher le chirurgien de garde. Le fœtus, du sexe mâle, avait les chairs fermes, la peau recouverte d'un enduit très-abondant; l'épiderme ne se détachait nulle part. L'absence du crâne ne nous a pas permis de déterminer à quelle distance du sommet de la tête et de la plante des pieds se trouvait l'ombilic. Les apparences extérieures ne pouvaient pas non plus aider à déterminer son âge; car une grande quantité de graisse rouge, ferme et grenue, remplissant partout les espaces celluleux, avait donné à toutes les parties un volume disproportionné à leur longueur. Ainsi, la poitrine, le ventre, les membres thoraciques et abdominaux, étaient beaucoup plus gros, mais plus courts que ceux d'un fœtus à terme. Il est probable cependant que la mère ne s'était pas trompée en disant qu'elle était enceinte de huit mois, car nous avons trouvé les testicules à l'orifice extérieur de l'anneau inguinal, et prêts à descendre dans le scrotum. Toutes les parties de la face avaient acquis un développement considérable, surtout la mâchoire inférieure, qui dépassait de beaucoup la supérieure (1).

(1) Tous les auteurs qui nous ont transmis des observations semblables avec quelque détail, ont noté la

Entre le menton et la partie supérieure de la poitrine existait une tumeur considérable en forme de goître, formée presque entièrement par de la graisse. La tête, renversée en arrière, reposait sur les épaules, ainsi que les oreilles, qui étaient fort larges et dirigées horizontalement. La face était tournée directement en haut. La tête finissait brusquement au niveau des sourcils. Les os de la voûte du crâne, affaissés sur ceux de la base, ou étalés à droite et à gauche, formaient une surface plane, perpendiculaire à l'horizon, et continue avec la face postérieure de la colonne vertébrale.

L'affaissement du coronal privant la cavité orbitaire d'arcade surciliaire, les yeux paraissaient gros et saillans, comme dans les batraciens. Le nez était devenu aquilin, et semblait s'être allongé. La bouche était béante; la langue, très-volumineuse, reposait sur la lèvre inférieure.

La peau du crâne, reconnaissable aux cheveux longs et épais qui s'y implantaient, finissait sur

---

même disposition, et nous voyons dans la série des animaux vertébrés le museau s'allonger et prendre d'autant plus de développement que le cerveau est plus petit.

la ligne médiane, à un pouce et demi des sourcils, se prolongeait ensuite de chaque côté vers les oreilles, en diminuant de largeur, et finissait en pointe au niveau des dernières vertèbres du dos, formant ainsi une espèce de croissant très-allongé, large au centre, étroit à ses extrémités. Le bord extérieur se continuait avec la peau du front, du cou, du dos et des lombes, sans offrir nulle part la moindre trace de cicatrice; le bord intérieur circonscrivait un espace ovalaire allongé, irrégulier, complété inférieurement par la peau qui recouvrait le sacrum. Cet espace, dans lequel la peau manquait, s'étendait du milieu de la base du crâne jusqu'au sacrum, et d'une omoplate à l'autre; elle était remplacée supérieurement par des débris de l'arachnoïde et de la pie-mère, et tout le long de la colonne vertébrale par la dure-mère de la moelle, qui, au lieu de former une cavité cylindrique, s'était étalée en surface, de même que les apophyses épineuses des vertèbres; en sorte qu'il n'existait pas plus de canal vertébral que de cavité crânienne. Ces membranes avaient contracté des adhérences anciennes, par de véritables cicatrices, avec la peau.

La transparence de la dure-mère permettait de distinguer les apophyses épineuses, dont l'écartement formait tout le long du dos une espèce de gouttière de sept à huit lignes de largeur; à la surface de cette membrane on voyait deux rangées de tubercules blanchâtres, de la grosseur d'une tête d'épingle, répondant à chaque espace intervertébral. A ces tubercules aboutissaient les nerfs du col, du dos et des lombes (les racines d'origine de ces nerfs avaient été détruites avec la moelle). En soulevant de chaque côté la dure-mère après l'avoir fendue, on voyait ces nerfs partir de cette membrane pour se rendre aux différens trous de conjugaison. Ceux du cou, excessivement grêles, montaient presque perpendiculairement pour passer entre les vertèbres cervicales. Ceux du dos étaient plus gros, surtout les inférieurs; ils renfermaient de la substance blanche; les lombaires et les sacrés avaient le volume, la couleur et la distribution ordinaires.

Les débris de l'arachnoïde et de la pie-mère formaient derrière la base du crâne une espèce de capuchon qui descendait jusqu'au bas du dos. Au-dessous de ces membranes, les artères carotides et vertébrales, entourées d'une foule de veines, formaient une espèce de chevelure, un réseau inextricable, au milieu duquel nous avons cependant reconnu la faux du cerveau, à cause de sa forme en croissant, et des veines qui s'y rendaient. Nous y avons aussi trouvé quelques petites portions de cerveau isolées les unes des autres, sans communication avec aucun nerf. L'arachnoïde et la pie-mère, qui servaient d'enveloppe à cette masse informe, se continuaient au niveau du col avec la dure-mère vertébrale. Tous les nerfs qui naissent du cerveau étaient libres et flottans à la base du crâne. L'auditif et le facial, d'un volume ordinaire, avaient deux pouces et demi de longueur; le pathétique était encore plus long: ils descendaient le long du dos. Le trifacial, court et grêle, arrivé sur le rocher, se renflait, pour donner, comme à l'ordinaire, les troncs qui en partent; une grande quantité de filets nerveux très-longs, d'une extrême ténuité, se rendaient dans le trou déchiré postérieur pour former les nerfs glosso-pharyngien et pneumo-gastrique; ils étaient flottans comme tous les autres. Le nerf optique n'existait que depuis le trou du sphénoïde; mais dans l'orbite il était bien développé. Tous les autres nerfs de l'œil avaient le volume et la distribution ordinaires: j'ai pu même disséquer le ganglion ophthalmique et quelques-uns de ses rameaux. Nous n'avons trouvé des olfactifs que leur renflement sur la lame criblée.

En examinant les débris de cerveau dont j'ai parlé, nous avions trouvé derrière le cou, au-dessous du sphénoïde, un corps sphéroïde, blanchâtre, assez résistant, que nous regardions comme le cervelet recouvert du repli de la dure-mère, qui forme la tente. Mais après avoir incisé la membrane extérieure, nous fûmes fort surpris de voir sortir d'une cavité, en forme de sac dilaté, une substance verte, assez consistante, élastique, semblable en tout à du méconium : la ressemblance était si parfaite, que ce fut la première comparaison qui vint à l'esprit de ceux qui étaient présens, sans que personne cependant supposât qu'elle pût avoir quelque réalité. La face interne de cette poche avait l'aspect des membranes muqueuses. C'était en effet celle du pharynx et de l'œsophage : on s'en aperçut en faisant passer par le fond de cette cavité un stylet, qui sortit par la bouche, en traversant la colonne vertébrale. L'œsophage était sorti à travers une ouverture (sur laquelle nous reviendrons en parlant des os) en formant une anse comme une portion d'intestin dans une hernie; sa cavité s'était considérablement dilatée par l'accumulation du méconium. Un peu avant d'entrer dans la poitrine, l'œsophage était rétréci, et même oblitéré, au point que je ne pus jamais faire passer le stylet le plus délié de cette poche dans l'estomac, tandis que j'en avais fait passer un très-gros par la bouche sans difficulté.

Dans les observations analogues que j'avais

lues dans les auteurs, j'avais toujours regretté qu'on n'eût pas examiné avec assez de soin les nerfs : aussi j'ai disséqué avec la plus grande attention tous les rameaux un peu importans. Tous ceux de la face étaient dans l'état naturel. J'ai dit que les nerfs qui se rendaient aux espaces intervertébraux du col étaient très-grêles ; cependant, après avoir traversé les trous de conjugaison, ils avaient le volume ordinaire. Les plexus cervical et brachial, le nerf diaphragmatique, ne présentèrent, non plus que le glosso-pharyngien, l'hypoglosse, le lingual, le pneumo-gastrique, aucune variété pour le volume ou la distribution. J'ai disséqué surtout avec soin les nerfs cardiaques ; les moindres filets étaient très-apparens. J'ai pusuivre très-distinctement ceux qui sont fournis par le ganglion cervical supérieur, le pneumo-gastrique, le récurrent, le ganglion cervical inférieur, et j'avoue que, sur l'adulte, je n'ai jamais mieux vu les plexus cardiaques ; j'ai même pu suivre jusque dans la substance du cœur quelques filets du plexus coronaire antérieur. Les nerfs dorsaux n'ont rien offert de remarquable ; les ganglions thoraciques étaient moins nombreux que de coutume, mais très-gros : il y en avait à gauche cinq ou six ; à droite on n'en trouvait que trois ; un très-gros au milieu ; deux autres plus petits, très-rapprochés, l'entouraient de nombreux rameaux; il en partait en dehors des filets de communication avec les nerfs intercostaux. Le tronc du grand splanchnique était aussi volumineux que le nerf médian du même fœtus; il partait du ganglion le plus volumineux, et se terminait dans le plexus solaire, qui fournissait aux plexus hépatique, rénal, pulmonaire, coronaire, stomachique, des filets aussi distincts et presque aussi gros que ceux de l'adulte. Du côté gauche, les rameaux fournis par les ganglions thoraciques étaient, ainsi que ces ganglions, moins gros et plus nombreux. Les nerfs des membres n'offrirent rien de particulier, non plus que les muscles ni les os de ces parties.

L'estomac, tiré par l'œsophage (dont les deux extrémités s'étaient rapprochées, à cause de l'anse qu'il formait en passant à travers les vertèbres), avait été entraîné dans la poitrine par l'ouverture du diaphragme qui donne passage à l'œsophage; cinq à six pouces d'intestin grêle avaient même suivi l'estomac dans la poitrine; le mésentère et le reste des intestins grêles étaient fort allongés; le cœcum, au lieu d'occuper la fosse iliaque droite, avait pris, sur le milieu de la colonne vertébrale, la place du mésentère : le rein droit était descendu à la place du cœcum : la rate était cachée sous le diaphragme ; celui-ci s'enfonçait sous les côtes de manière à diminuer de moitié la capacité de la poitrine. On voit que la cause de tous ces déplacemens a été la courbure de l'œsophage à travers les vertèbres.

Les gros intestins étaient remplis de méconium parfaitement semblable à celui qui remplissait l'œsophage : il eût été impossible d'établir entre eux la moindre différence.

Quant au squelette (1), les désordres apportés par la maladie dans l'ossification se sont bornés au crâne et au rachis ; et de même que les apophyses épineuses des vertèbres ont été écartées, de même les os qui forment la voûte du crâne ont été séparés et déjetés sur les parties latérales : ceux de la base n'ont point participé au déplacement. Bien plus, il y en a quelques-uns qui sont composés de plusieurs pièces, dont les unes entrent dans la composition de la base du crâne, tandis que les autres forment la voûte : les premières ont conservé leurs rapports, les autres ont été plus ou moins déplacées ; ainsi la portion pierreuse du temporal est très-grosse,

(1) Déposé par l'auteur dans les cabinets d'anatomie de la Faculté de Médecine de Paris. C'est lui qui a servi depuis aux importantes recherches de M. Geoffroy Saint-Hilaire. (*Philosophie anatomique*, Monstruosités humaines, pag. 19.) (*Note de l'Éditeur.*)

la portion écailleuse est comme atrophiée. L'apophyse basilaire de l'occipital se trouve, comme à l'ordinaire, au-dessous du corps du sphénoïde, pour former la partie antérieure du trou occipital : mais déjà les deux noyaux osseux qui commencent aux condyles sont écartés transversalement, au lieu de se réunir pour former la partie postérieure du trou occipital, et les deux points supérieurs d'ossification, qui forment les fosses occipitales supérieures, se trouvent déjetés encore plus en dehors, et séparés l'un de l'autre par toute la largeur de la base du crâne ; ils ont été s'unir aux sommets des apophyses épineuses des vertèbres du dos (1).

Le coronal, comme rudimentaire, touche immédiatement au sphénoïde ; et le pariétal, qui forme essentiellement la voûte du crâne, est réduit à une bandelette osseuse de deux ou trois lignes de largeur : on ne peut le reconnaître qu'à cause de sa position au-dessus du temporal et derrière le coronal.

Non-seulement les apophyses épineuses des vertèbres, y compris celles du sacrum, sont

---

(1) Ce qui est assez singulier, c'est que, dans un très-grand nombre d'animaux, ces mêmes portions d'os restent toujours séparés, et sont désignées, en zoologie, par des noms distincts.

écartées de manière à ne former, au lieu d'une cavité complète, qu'une gouttière peu profonde ; mais le corps même de toutes les vertèbres cervicales et des sept premières dorsales est entièrement séparé. Il résulte de l'ensemble de ces vertèbres à droite et à gauche, deux courbes semi-elliptiques, qui, réunies supérieurement à la surface basilaire de l'occipital, et inférieurement au corps de la huitième vertèbre du dos, circonscrivent un espace assez grand pour recevoir l'extrémité du doigt indicateur : c'est par ce trou qu'avait passé l'œsophage. Quoique ces vertèbres soient intimement soudées entre elles, en examinant la chose de près, on voit qu'elles sont séparées par un léger enfoncement. La bifurcation finit à la septième vertèbre dorsale : on voit, sur le corps de la huitième et de la neuvième, deux points d'ossification distincts, quoique les deux derniers se touchent ; toutes les autres vertèbres ne présentent qu'un seul noyau osseux. Le corps de ces mêmes vertèbres, ainsi bifurquées, a subi une autre espèce de déviation. Cette partie du rachis est repliée sur elle-même, d'avant en arrière : la portion cervicale est renversée sur la dorsale au point de la toucher presque ; c'est ce qui est cause de la direction de la face en haut, et de la base du crâne en arrière. La caisse du tympan touche à la face antérieure des premières vertèbres cervicales; le milieu de cette courbure, dont la convexité est en avant, répond à la première vertèbre dorsale.

Il résulte de cette disposition, que l'espace que pouvaient occuper les côtes se trouvant diminué, elles se sont rapprochées, et même plusieurs se sont soudées entre elles par leurs bords voisins.

Comme les faits de cette nature sont rares, et généralement peu connus, j'indiquerai en peu de mots les plus importans de ceux qu'on trouve épars dans les auteurs.

Morgagni (1) disséqua, en 1746, une petite fille venue au monde à peu près à terme, sans cerveau, ni cervelet, ni moelle épinière. Cette observation est la plus complète de celles que j'ai lues. L'auteur en a rendu tous les détails avec sa précision ordinaire; mais comme elle est fort longue, et presque en tout semblable à celle que je viens de rapporter, il me suffira, pour éviter les répétitions, de dire qu'elle n'en diffère qu'en ce qui a rapport à la bifurcation du corps des vertèbres et au déplacement de l'œsophage, et en ce que le cerveau manquait entièrement. Ainsi, le corps était bien nourri,

(1) *De Sedibus et Causis morborum*, epist. 48, n°. 50.

bien conformé, sans mauvaise odeur; l'épiderme ne s'enlevait pas (il est le seul qui ait noté avec soin ces circonstances importantes); il n'y avait pas d'apparence extérieure de col. Les os du crâne, les apophyses épineuses, la courbure du col, l'abondance de la graisse, etc., etc., tout est semblable. Il est seulement à regretter qu'il n'ait pas parlé des nerfs.

Après l'observation de Morgagni, la plus détaillée, la mieux décrite, est celle de Jean Vanhorne, rapportée par Wepfer, dans un mémoire sur les fœtus acéphales (1). Je regrette encore de ne pouvoir la rapporter toute entière; mais je ne ferais que répéter ce que je viens de dire. Ainsi, ce fœtus, âgé de sept mois, avait le tronc et les membres bien conformés. Le menton était si rapproché de la poitrine, qu'il n'y avait pas d'apparence de col. Vanhorne décrit très-bien la séparation des lames des vertèbres, recouvertes par une membrane semblable à celle dont il a été question; mais, en parlant du crâne, il dit : «Il fut trouvé tout osseux; quoique dans les enfans il soit ordinairement si mince, il était, dans ce sujet, fort épais, en sorte qu'on fut obligé de se servir de la scie

(1) *Miscellanea curios.*, decur. 1, an 3, observ. 129.

pour le diviser; il n'avait aucune cavité interne, non plus qu'aucune trace de cerveau et de cervelet. » Il est très-probable que Vanhorne a été induit en erreur. Cette épaisseur extraordinaire tenait sans doute à l'affaissement de la voûte osseuse jusque sur la base du crâne. Il ajoute: « Comme cette circonstance extraordinaire excita l'étonnement des assistans, on fut à la recherche de la moelle épinière, qu'on a coutume de regarder comme un second cerveau; on n'en trouva pas la moindre parcelle, *ne γρῦ quidem apparuit.*

Frédéric Ruisch a aussi disséqué à Amsterdam un fœtus de neuf mois, qui n'avait ni cerveau, ni cervelet, ni moelle épinière. Kerkring, qui l'a dessiné, en a donné l'observation (1). La gravure qui y est jointe, quoiqu'un peu grossière, donne une idée parfaitement exacte des déplacemens des os du crâne, des déviations de la tête et du cou, de l'écartement des lames des vertèbres. La seule différence qui existe entre ce cas-ci et ceux de Morgagni et de Vanhorne, c'est que la bifurcation des apophyses épineuses s'arrêtait au niveau de l'angle inférieur de l'omoplate; le reste du rachis formait un véritable canal, quoique vide de moelle épinière.

---

(1) *Spicilegium anatomicum*, observ. 23.

Littre (1) parle aussi d'un fœtus de huit mois qui n'avait pas de trace de cerveau ni de moelle; du reste, *bien nourri*, *bien formé*, *il avait certainement vécu huit mois*. Mais une circonstance assez singulière, c'est que l'auteur ajoute que « les deux membranes du cerveau et de la moelle s'y trouvaient dans toute leur étendue, quoique parfaitement vides. » Ce qui lui suggère une idée plus que bizarre : il suppose « qu'elles ont pu, pendant la gestation, remplacer le cerveau et la moelle dans la sécrétion des esprits. »

M. Sue rapporte aussi une observation analogue (2). D'après ce que j'ai dit des autres, je n'en citerai qu'une circonstance qui lui est propre : « Le canal vertébral était ouvert depuis la huitième vertèbre du dos, pour former la bifurcation de l'épine, à la fin de laquelle le canal recommençait et se continuait dans l'os sacrum, etc., » quoique parfaitement vide de moelle.

On lit dans l'Histoire de l'Académie royale des Sciences, année 1711, Observ. anat., p. 26 :

(1) Histoire de l'Académie des Sciences, année 1701, pag. 24.

(2) Histoire de l'Académie royale des Sciences, année 1746, observ. 6, n°. 1.

« M. Fauvel a fait voir à l'Académie un fœtus sans cervelle, ni cervelet, ni moelle épinière, quoique bien conformé d'ailleurs. Il était venu à terme, avait vécu deux heures et donné quelques signes de sentiment quand on lui avait versé l'eau du baptême sur la tête. Ce n'est pas la première fois qu'on a vu ce fait, dont on tire une terrible objection contre les esprits animaux qui doivent s'engendrer dans le cerveau, ou tout au moins dans la moelle épinière, et que l'on croit communément si nécessaire à toute l'économie. »

Mais voici une observation plus extraordinaire encore (1).

« M. Méry a vu un fœtus mâle venu à terme qui n'avait ni cerveau, ni moelle de l'épine, et qui a vécu vingt-une heures et pris quelque nourriture. La dure et la pie-mère faisaient canal dans les vertèbres. Nous avons déjà rapporté plusieurs exemples pareils, qui ne sont guère favorables au système commun. »

Je ne rapporterai pas un plus grand nombre d'observations. Je renvoie pour les autres à Morgagni (*epist. anat.* 20, n° 56 et 57; *et de sedib. et caus. morb.*, epist. 48, obs. 48 et 50).

---

(1) *Voyez* l'Histoire de l'Académie royale des Sciences, année 1712, p. 40, observ. anat. 6.

Voyez aussi celles que Hubert a rassemblées dans sa Dissertation *de Spinali Medullâ*.

Réflexions sur les observations précédentes.

Le fœtus qui fait le sujet de la première observation, a offert plusieurs circonstances importantes, dont quelques-unes n'avaient point encore été observées; d'autres avaient été négligées par les observateurs les plus exacts. J'ai dû entrer dans des détails qui ont rendu son histoire fort longue; mais j'espère que tous auront leur application.

Quelle a été la cause de la destruction du cerveau, etc., etc.; de la bifurcation des vertèbres?

L'état de la mère pendant la grossesse, l'infiltration générale, l'hydropisie du péritoine, nous conduisent naturellement à la cause première de la maladie du fœtus, qu'il faut attribuer à l'état du sang qu'il recevait de sa mère. L'immense quantité d'eau qui sortit de la matrice nous indique la nature de cette maladie, et confirme l'opinion de Morgagni, généralement adoptée aujourd'hui. Il pense (1) qu'il

---

(1) *De Sedibus et Causis morb.*, lettre 12, n°. 14.

n'est peut-être pas une seule observation de destruction du cerveau, du cervelet et de la moelle, rapportée dans les auteurs, où l'on ne puisse démontrer que ces organes ont existé autrefois, et qu'on peut expliquer leur destruction dans presque tous les cas par une hydropisie du cerveau et de la moelle. Lorsque la maladie n'a pas été portée au point de produire la déchirure des enveloppes, il n'est pas rare de trouver (1), au lieu de cerveau et de moelle épinière, de l'eau limpide dans l'une et l'autre cavité, ou bien trouble comme de l'eau dans laquelle on aurait lavé des chairs : *aqua loturæ carnium similis* (2).

Dans les hydrocéphales, la sérosité peut s'épancher entre la dure-mère et le cerveau, ou dans ses ventricules. La première espèce est très-rare et produit plutôt la compression que la destruction du cerveau : on voit, en effet, par le peu d'observations que nous en ont laissées les auteurs, que le cerveau est réduit à un très-petit volume, mais non détruit (3) ; l'autre, beaucoup

(1) *Fontanus*, Ephem. cur. nat., decur. 1, an. 3, observ. 129, rapportée par Wepfer.

(2) Morgagni, Bonnet, Wepfer.

(3) *Voyez* Ambroise Paré, liv. 7, chap. 1. — Stegman, *Sepulchretum*, lib. 1, sect. 16, in addit., observ. 11. — Velsius. — Morgagni, lettre 12, n°. 13.

plus commune, est, comme l'a démontré Morgagni, la véritable cause de la destruction du cerveau dans les soi-disant acéphales. En est-il de même par rapport à la moelle? Faut-il attribuer sa destruction à une hydropisie survenue dans la cavité de l'arachnoïde, ou bien à un épanchement de sérosité dans l'intérieur de la moelle elle-même? Cette dernière opinion est celle de Brunner (1), à qui la science doit les premières bonnes observations sur ces maladies. Le savant et judicieux Morgagni est entièrement de l'opinion de Brunner (2). Dans les cas ordinaires d'hydrorachis, la sérosité contenue dans l'arachnoïde n'altère pas la structure de la moelle et des nerfs, et l'on a plusieurs fois rencontré un canal creusé dans le centre de la moelle et distendu par de l'eau (3). *Erat in meditullio perforata, et aquâ referta.* M. Portal (4) dit avoir « rencontré un canal bien formé au milieu de la moelle épinière, et dans une assez grande étendue, chez un sujet qui avait un *spina-bifida.* ».

Mais faut-il admettre, avec Charles Etienne,

---

(1) *De Fœtu monstruoso et bicipite*, dissert. in-4°.

(2) Lettre 12, n°. 11, *de Sedibus*, etc.

(3) *Sepulchretum*, sect. 16, in additam. 12.

(4) Anatomie médicale, art. *moelle*.

Bauhin, Malpighi, MM. Portal et Gall, que cette cavité existe naturellement? Cette idée n'a, je crois, été adoptée que d'après des faits pathologiques; on n'a démontré son existence, dans les cas ordinaires, qu'en faisant passer du mercure du ventricule du cervelet dans le cul-de-sac qui le termine, et de là dans la moelle; mais la mollesse de la pulpe cérébrale, la pesanteur, la divisibilité du mercure, doivent empêcher de rien conclure de ces expériences. On n'a pas encore rencontré l'hydropisie ou la destruction de la moelle sans celle du cerveau. Je sais bien que Morgagni cite deux observations de Raygeri (1) dans lesquelles on voit que la moelle manquait entièrement, quoique le cerveau ne fût pas entièrement détruit; mais *il était considérablement altéré*. Ainsi ces observations, au lieu d'être en opposition avec les autres, ne font que les confirmer. Enfin les épanchemens de sérosité dans les ventricules du cerveau sont aussi fréquens que ceux de l'intérieur de la moelle sont rares; ce qui n'arriverait pas s'il existait dans l'intérieur de la moelle une cavité qui communiquât librement avec le ventricule du cervelet. Toutes ces rai-

---

(1) *Ephem. nat. cur.*, decur. 1, an. 3, observ. 280, et an. 8, observ. 64.

sons me portent à croire, 1°. qu'il n'existe pas de cavité naturelle dans l'intérieur de la moelle; 2°. que l'épanchement de sérosité qui s'y fait quelquefois est le résultat de celui qui a lieu primitivement dans les ventricules du cerveau; 3°. que cet épanchement est la véritable cause de la destruction de la moelle; 4°. qu'enfin la cause première de ces maladies peut quelquefois être attribuée à la nature des matériaux que le fœtus reçoit de sa mère.

Avant de passer outre, je suis bien aise, pour n'y plus revenir, de m'arrêter un moment sur quelques circonstances de la première observation. Il paraît que la bifurcation du corps des vertèbres est une chose excessivement rare, puisque Ruisch, qui avait disséqué dix hydrorachis, n'y croit pas (1). *Nunquàm in hoc affectu vertebras ita esse bifurcatas notavi (ut nonnulli voluêre), quasi totaliter in duas partes essent divisæ, ut laniones facere assolent, quùm animalia mactata in duas partes securi findunt; dehiscunt tantùm vertebre à parte posteriore, circa processus spinosos, etc.*) Morgagni lui-même, dont l'érudition était si vaste, est de l'avis de Ruisch (2). Il n'ajoute pas beau-

(1) *Observationum anatom. chirurg.*, observ. 34.

(2) *De Sedibus et Causis morborum*, epist. 12, n°. 11.

coup de confiance à l'observation de Tulpius (1), et j'avoue que l'obscurité des expressions de Tulpius, les idées superstitieuses qu'il mêle aux faits, la gravure même qui est jointe à l'observation, me font croire aussi, malgré le fait que j'ai vu, qu'il n'existait réellement qu'une bifurcation des apophyses épineuses. Quoi qu'il en soit, les deux points d'ossification qui forment les premiers rudimens du corps des vertèbres se confondant presque aussitôt en un seul, leur séparation n'est possible que jusqu'au troisième mois environ de la conception. Cette circonstance, qui a trompé beaucoup d'anatomistes, paraît être la seule cause de la rareté de la séparation en question, puisque, pour qu'elle soit possible, il faut que la maladie ait déjà acquis avant cette époque des dimensions considérables.

J'ai dit que l'œsophage était sorti par cette ouverture des vertèbres, qu'il était entièrement oblitéré près de son insertion à l'estomac, et que toute la partie supérieure, dilatée en forme de sac, était pleine de méconium vert, semblable à celui qui existait dans les gros intestins. Ces circonstances prouvent, je crois, d'une

---

(1) *Observationes medicæ*, lib. 3, cap. 30.

manière plus positive que les raisonnemens les plus spécieux :

1°. Que ce n'est pas par la déglutition des eaux de l'amnios que le fœtus se nourrit ; opinion qui est encore adoptée aujourd'hui par des savans respectables, malgré les observations souvent citées de fœtus nés sans tête, d'autres sans bouche et sans narines, d'autres avec une imperforation complète de ces ouvertures.

2°. Que ce ne sont pas les eaux de l'amnios qui produisent le méconium, car il y en avait comme à l'ordinaire dans les gros intestins. Si l'on objectait qu'il a pu en passer dans l'estomac, parce que l'œsophage n'était pas entièrement oblitéré, je demanderais pourquoi il s'en est amassé une si grande quantité dans sa partie supérieure ; pourquoi son accumulation a produit la dilatation de l'œsophage. Si l'on supposait que la partie la plus liquide a seule passé, il faudrait admettre que le méconium existe tout formé dans les eaux de l'amnios ; ce que leur transparence ne permet pas de supposer : aussi a-t-on toujours pensé que c'était dans le canal digestif qu'elles étaient peu à peu élaborées et transformées en méconium : mais, s'il en était ainsi, celui de l'œsophage eût dû avoir un autre caractère que celui du rectum.

3°. Enfin, que sa couleur verte n'est pas due,

comme on le pense généralement, à la présence de la bile ; car celui qui était au-dessus du rétrécissement était aussi vert que celui du rectum, et l'on ne peut pas supposer que la bile a pu remonter par l'estomac jusque-là, car on ne voit pas pourquoi elle aurait pu franchir l'obstacle qui arrêtait le méconium. Mais de quelle manière se forme-t-il ? S'il n'est pas un résidu des eaux de l'amnios, il faut bien qu'il soit produit par la sécrétion des membranes muqueuses, laquelle doit avoir lieu chez le fœtus, quoiqu'il ne digère pas, puisqu'elle continue dans la portion inférieure du tube intestinal de ceux qui sont affectés d'anus contre nature, quoique la membrane muqueuse ait cessé depuis plusieurs années d'être en contact avec les matières fécales (1). La couleur verte que prennent ces mucosités dépend sans doute de leur long séjour dans le canal alimentaire. En admettant cette origine, on s'explique facilement pourquoi celles de la bouche et de l'œsophage se sont accumulées au-dessus de l'étranglement : pourquoi il s'en trouvait comme à l'ordinaire dans les gros intestins. Enfin, la quantité de méconium trouvée au-dessus du rétrécissement, comparée à celle qui était contenue dans le

(1) *Voyez* Observations sur la digestion, à la fin.

rectum, est bien en rapport avec l'étendue de surface muqueuse qui est supposée l'avoir fournie.

En me résumant, je crois pouvoir conclure, 1°. que ce n'est pas par la déglutition des eaux de l'amnios que le fœtus se nourrit; 2°. que le méconium n'est pas le produit, le résidu de la digestion de ces mêmes eaux, mais bien un résultat de la sécrétion des membranes muqueuses; 3°. que ce n'est pas à la bile qu'il doit sa couleur verte.

Nous avons vu, par un assez grand nombre d'observations, que des fœtus étaient nés à terme, ou à peu près, sans cerveau, ni cervelet, ni moelle épinière; et c'est certainement un des phénomènes les plus curieux que la pathologie puisse offrir à la méditation des physiologistes. Mais avant de discuter ces faits pour en déduire des conséquences, il se présente naturellement une première question à résoudre. Ces fœtus ont-ils survécu à la destruction totale de ces organes?

« Je sais bien, dit Legallois, qu'on cite des fœtus qui étaient non-seulement acéphales, mais chez lesquels il n'existait même point de moelle épinière. Mais, outre que ces cas sont en fort petit nombre en comparaison de ceux de simples acéphales, il serait très-important de savoir si ces fœtus étaient nés morts ou vivans, et c'est ce que les auteurs n'ont pas toujours eu l'attention d'indiquer. Je n'en connais que deux, qu'on assure être nés vivans et sans moelle épinière. »..... « Pour admettre des faits aussi extraordinaires, il faudrait des observations nouvelles et bien authentiques. Quant aux fœtus nés morts et sans moelle épinière, on conçoit que quelques maladies, et entre autres l'hydrorachis, avaient détruit cette moelle dans le sein de la mère, et que la mort en avait été la suite (1). »

Je n'ai pas besoin de faire remarquer que le petit nombre des cas observés ne prouve rien. Quand il n'y aurait qu'un seul fait de ce genre, pourvu qu'il fût bien authentique, il faudrait bien en conclure que la chose a été possible. Or, si elle a été possible pour un seul fœtus, elle l'est pour tous.

Quant aux deux observations dont il conteste l'authenticité (*voyez* les deux dernières que j'ai citées), j'avoue que la manière dont elles sont rapportées n'est pas propre à inspirer la moindre confiance, surtout celle de Méry, qui ne dit pas s'il a vu lui-même le fœtus vivant. Le

(1) Expériences sur le principe de la vie, p. 250.

peu de mots qu'il dit de l'état des parties suffit pour faire douter de la destruction de la moelle. « La dure et la pie-mère faisaient canal dans les vertèbres ; » ce qui est peu d'accord avec la plupart des autres observations rapportées dans les auteurs. Celle de Fauvel est moins extraordinaire. Le fœtus dont j'ai tracé l'observation avait, d'après le récit de la mère, donné des signes de vie deux jours avant l'accouchement, malgré la grande quantité d'eau contenue dans la matrice. Il n'est pas impossible que celui de Fauvel ait donné *pendant deux heures quelques signes de sentiment*, puisque les expériences sur l'asphixie chez les animaux nouveau-nés, et des observations tirées de la pratique des accouchemens prouvent que les fœtus peuvent vivre à peu près autant de temps sans respirer, après avoir cessé de communiquer avec la mère. Or, la seule différence qui existe entre un fœtus ordinaire et un autre privé de moelle, et qui n'est pas mort avant l'accouchement, c'est que, dans le second, la respiration ne peut pas s'établir.

Cependant, comme Fauvel ne dit pas positivement qu'il a vu le fœtus vivant, je resterai dans le doute; mais, en supposant qu'aucun n'ait donné de signes de vie après la naissance, l'objection reste toujours la même, si l'on prouve qu'ils ont survécu à la destruction de la moelle. D'abord, toutes les observations que j'ai lues tendent à prouver que le fœtus était vivant peu de temps avant la naissance. Dans toutes il est dit que le fœtus était sain, bien portant, etc. Morgagni a eu soin d'ajouter qu'*il n'avait aucune mauvaise odeur*, *que l'épiderme ne s'enlevait pas.* Enfin, dans la première observation, la mère a dit avoir senti les mouvemens du fœtus encore deux jours avant l'accouchement; et cependant la bifurcation du corps des vertèbres annonce que la maladie devait avoir déjà fait de grands progrès long-temps avant l'ossification du corps de ces vertèbres. Or, comme cette ossification commence avant le troisième mois, cela fait remonter l'origine de la maladie jusqu'au second, et peut-être même jusqu'au premier mois de la grossesse. J'en dirai autant de la soudure de plusieurs côtes par le rapprochement de leurs bords, effet de la courbure de l'épine. Enfin, ce qui ne laisse pas le plus léger doute sur la prolongation de la vie du fœtus après la destruction de la moelle, c'est l'union, par véritable cicatrice, de la peau du crâne, descendue jusqu'aux lombes, avec la dure-mère, déployée sur la face postérieure des vertèbres. Cet énorme déplacement du cuir chevelu, ce développement en surface du cylindre de la dure-mère, n'ont pu avoir lieu qu'après que leur extrême distension a eu produit une rupture dont le résultat a été l'évacuation du cerveau et de la moelle : ce n'est qu'après cela que leur union a pu s'établir; or, toute cicatrisation suppose une inflammation, comme toute inflammation suppose la vie.

Il faut donc admettre que ces fœtus ont continué à vivre jusqu'au moment de la naissance, malgré la destruction du cerveau, du cervelet et de la moelle.

La vie, chez le fœtus, est employée toute entière à son développement; mais la nutrition se faisant chez lui sans le secours de la respiration et de la digestion, se borne à des phénomènes qui se passent dans l'intimité de chaque organe et se dérobent à nos sens. Cependant il est certain que chaque partie reçoit du sang les fluides qu'il élabore, les matériaux qu'il s'approprie, et qu'il lui renvoie ceux qui ne lui sont plus nécessaires; d'où il résulte qu'une nutrition active suppose une circulation régulière, et par conséquent les mouvemens bien ordonnés du cœur.

Il est clair qu'il ne nous reste de choix à faire qu'entre deux suppositions : ou les mouvemens du cœur se sont exercés par l'influence d'une force particulière indépendante de la puissance nerveuse; ou cette puissance nerveuse, de quelque nature qu'elle soit, avait sa source ailleurs que dans le cerveau, le cervelet et la moelle. La question ainsi simplifiée, nous sommes dispensés de nous occuper des systèmes de Descartes, de Sylvius, de Laboé, de Borelli, de Willis, de Boerhaave, etc.

Tout le monde connaît la théorie de Haller sur l'irritabilité.

Il regarde la fibre musculaire comme possédant seule la propriété de se contracter en vertu d'une force propre, *irritabilité*, *vis insita*, de laquelle dérivent tous les mouvemens. Mais elle a besoin, pour entrer en action, d'un *stimulus* qui, pour les muscles soumis à la volonté, est la puissance nerveuse, et pour les involontaires un excitant approprié à leurs fonctions et totalement étranger à la puissance nerveuse; le sang et les alimens sont les *stimulus* naturels du cœur et de l'estomac. Par là Haller explique la continuité des mouvemens du cœur, ses alternatives de contraction et de relâchement à mesure que le sang arrive ou est expulsé, et le défaut d'influence de la volonté sur ses mouvemens.

Remarquons en passant que c'est l'action du cœur qui a toujours fait le sujet des discussions sur l'irritabilité.

Les faits les plus importans qu'on a fait valoir pour prouver que le cœur est indépendant de l'influence nerveuse, c'est qu'il continue à se contracter après la ligature des nerfs qui lui viennent du cerveau, la section de la moelle ou la décapitation, et même après qu'il est séparé du corps; que les irritations mécaniques, électriques, galvaniques, appliquées aux nerfs des muscles volontaires, soit pendant la vie, soit peu de temps après la mort, déterminent des contractions dans ces muscles, et ne produisent pas le même effet, appliquées aux nerfs cardiaques; que les maladies ou les expériences qui produisent des convulsions dans les muscles volontaires, ne produisent pas d'altération dans les mouvemens du cœur. Mais, 1°. la cessation de toute communication du cœur avec le cerveau ne prouve rien, si l'on démontre, comme nous le verrons bientôt, qu'il n'est pas la source unique de la puissance nerveuse. 2°. Legallois a fait voir, par des expériences qui ne laissent rien à désirer (Expériences sur le principe de la vie, p. 27 et suiv.), que ces mouvemens du cœur, de la poitrine, d'un animal vivant, sont insuffisans pour entretenir la circulation. Lorsqu'en détruisant le cerveau ou la moelle on fait à l'instant périr un animal, les contractions du cœur continuent long-temps après que les carotides sont devenues flasques, et que leur section ne produit plus d'hémorrhagie. Legallois compare, avec beaucoup de justesse, ces mouvemens impuissans à ceux qu'on produit après la mort, dans les muscles volontaires, par l'irritation des nerfs qui s'y rendent, si ce n'est que le sang, stimulant naturel du cœur, produit sur cet organe le même effet que les autres irritans sur les autres muscles. Il établit avec raison une grande différence entre ces mouvemens, qu'il regarde comme produits par l'irritabilité, et ceux qui dépendent de l'influence nerveuse. Ainsi, par exemple, c'est par l'influence nerveuse qu'une grenouille décapitée continue à sauter et à vivre, que la circulation s'opère avec régularité. C'est par l'irritabilité que ses muscles se contractent, après la mort, par l'application d'une cause excitante; que le cœur se contracte par la présence du sang. 3°. L'impassibilité du cœur au milieu des convulsions des muscles volontaires, les différences des résultats obtenus par les expériences galvaniques, etc., etc., sur les nerfs du cœur, comparativement à ceux des autres muscles, ne prouvent, suivant l'observation de Scarpa (*Tabulæ nevrologiæ*, §. 20), qu'une différence dans la nature de ces nerfs. C'est même en grande partie sur ces observations, sur ces expériences, que Bichat a établi sa division en système nerveux de la vie animale, et système nerveux de la vie organique.

D'ailleurs, si le cœur n'était pas soumis à l'influence nerveuse, pourquoi recevrait-il des nerfs? Depuis l'ouvrage de Scarpa peut-on dire, avec Sœmmering, que les nerfs cardiaques ne pénètrent pas jusque dans les fibres musculaires du cœur? ou avec Fontana, qu'ils n'ont aucun usage connu? Enfin, comment se fait-il que le cœur soit intimement soumis à l'influence des passions? Ces objections, dont Haller sentait toute l'importance, l'ont jeté dans des contradictions fréquentes, quand il a voulu y répondre. Aussi plusieurs physiologistes de son école ont-ils modifié la théorie de l'irritabilité en admettant la nécessité de l'influence nerveuse. (*Voyez* Prochaska.) Ce qui est bien surprenant, c'est qu'en parlant des fœtus privés de cerveau et de moelle épinière, qui auraient pu fournir un si puissant argument en faveur de l'irritabilité, Haller ajoute : « *Plerisque medullæ spinalis etiam fuit tantùm, quantùm sufficere poterat, ut cordis motus superesset.* » (*Elementa physiologiæ*, lib. 10, p. 356.) Il est donc ici doublement en contradiction avec lui-même, puisqu'il admet implicitement, d'une part, que le cerveau n'est pas la source unique de la puissance nerveuse; de l'autre, que le cœur ne peut s'en passer. Je crois en avoir dit assez pour faire voir que la théorie de Haller ne suffit pas pour expliquer les mouvemens du cœur chez les fœtus dont nous parlons. D'après le passage que nous avons cité, il est facile de voir qu'Haller lui-même en sentait intérieurement l'insuffisance.

Mais si nous ne pouvons concevoir une circulation régulière sans l'intervention de la puissance nerveuse, si nous ne pouvons supposer la source de cette puissance nerveuse ni dans le cerveau, ni dans le cervelet, ni dans la moelle, qui n'existaient pas, nous sommes conduit naturellement, et par voie d'exclusion, à admettre avec Bichat que le système nerveux des ganglions est destiné aux fonctions des organes de la nutrition (vie intérieure, vie organique); que les centres nerveux qui la composent forment un système à part, indépendant de celui qui est destiné aux fonctions de relation (vie animale). Cette opinion, émise d'abord par Winslow (Exposition anat. Traité des nerfs, § 364), abandonnée ensuite et reprise à différentes époques, fécondée enfin par le génie de Bichat, reçut dans ses ouvrages une nouvelle existence, et fut assez généralement admise, jusqu'à ce que les expériences de Legallois sur le principe de la vie soient venues jeter de nouveau de l'incertitude sur un des points les plus importans. Il a vu que la destruction d'une portion quelconque de la moelle produisait à l'instant la mort dans les parties qui en reçoivent des nerfs, et bientôt une diminution dans la force de la circulation, qui cessait entièrement quelque temps avant les derniers mouvemens du cœur. Je n'entrerai pas dans le détail de ces expériences très-multipliées, et qui se lient toutes les unes aux autres; il faut les lire dans l'ouvrage lui-même. Voici seulement les conséquences auxquelles l'auteur est conduit.

« Le cœur emprunte toutes ses forces de la puissance nerveuse, de même que les autres parties en empruntent le sentiment et le mouvement dont elles sont douées, avec cette différence, que le cœur emprunte ses forces de toute la moelle, sans exception. (p. 149 et suiv.) C'est du grand sympathique que le cœur reçoit les principaux filets nerveux, et c'est uniquement par ce nerf qu'il peut emprunter ses forces de toute la moelle épinière. Il faut donc que le grand sympathique ait ses racines dans cette moelle.

Il admet cependant une distinction *très-réelle* et *très-importante* entre les organes qui reçoivent leurs nerfs du grand sympathique et les autres. Cette distinction porte sur les mêmes organes que dans la division de Bichat, avec cette grande différence, que ceux qu'il regarde comme indépendans du cerveau et de la moelle épinière sont précisément, suivant Legallois, ceux qui en reçoivent la plus puissante influence.

Voilà donc des conclusions déduites, avec beaucoup de logique, d'expériences authentiques faites avec le plus grand soin; des conclusions, dis-je, qui sont en opposition avec les conséquences *inévitables* tirées de faits pathologiques également certains.

Or, pour me servir des propres expressions de Legallois (avant-propos, p. 11), « il faut se souvenir que deux faits bien constatés ne peuvent jamais s'exclure l'un l'autre, et que la contradiction qu'on croit y remarquer tient à ce qu'il y a entre eux quelque intermédiaire, quelque point de contact qui nous échappe. »

Voyons donc si l'on ne pourrait pas trouver la cause de cette opposition. Mais, avant tout, je ferai remarquer qu'il est tout-à-fait impossible d'admettre que le système nerveux des ganglions a continué ses fonctions malgré la destruction de la moelle, sans en conclure que ces mêmes fonctions en soient entièrement indépendantes : au lieu qu'il est très-possible de concevoir que la destruction subite de la moelle apporte dans ces mêmes fonctions un trouble tel, que les mouvemens du cœur soient anéantis, sans qu'on soit pour cela forcé d'en conclure que le grand sympathique a ses *racines* dans la moelle, qu'il en tire toute sa puissance.

En effet, on ne peut pas comparer la destruction lente de la moelle par une accumulation successive de sérosité, à sa destruction instantanée. On sait que tout changement brusque dans une fonction, toute altération subite d'un organe, apporte un trouble plus ou moins grand dans les fonctions des autres organes, tandis que le même désordre, survenu lentement, ne produit pas le même trouble dans l'économie. Il en est de même des inflammations aiguës comparées aux chroniques. Les exemples se présentent ici en foule : je n'en citerai qu'un seul, parce qu'il rentre directement dans notre sujet. J'ai vu des apoplexies, dont le foyer n'avait pas plus d'étendue qu'une noisette, produire une paralysie complète ; des inflammations du cerveau aussi circonscrites produire des convulsions dans toute une moitié du corps, et, dans l'un et l'autre cas, se terminer par la mort : tandis que d'autres fois j'ai vu des tumeurs squirrheuses énormes, des abcès, des épanchemens considérables de sérosité, qui n'avaient déterminé que de l'altération dans les facultés intellectuelles, ou des accès d'épilepsie à des époques plus ou moins éloignées (1). Tous les jours des faits semblables se rencontrent dans la pratique. Legallois lui-même a remarqué qu'en détruisant lentement et successivement la moelle par petites portions, en mettant de l'intervalle entre chaque expérience, il pouvait en détruire une bien plus grande étendue,

---

(1) Pour savoir ce qui, dans un organe, est indispensable à sa fonction, les expériences sur les animaux méritent beaucoup moins de confiance que les observations pathologiques, qui ont de plus l'avantage d'être toujours applicables à l'homme, ce qui n'est pas rigoureux dans le premier cas.

Puisque M. Legallois a observé qu'il y avait une grande différence entre les animaux de différente espèce pour la durée de la vie, après la destruction de telle ou telle portion de la moelle, comme pour l'étendue de cette moelle, qu'on peut détruire sans causer subitement la mort, ne doit-il pas exister une différence encore plus grande de l'homme aux animaux ?

sans produire la mort, que quand il la détruisait tout d'un coup : or la nature a agi avec une succession infiniment plus lente. Une autre circonstance bien remarquable, c'est la différence qu'il a observée sur les animaux de même espèce, suivant les différens âges. Il a vu que, dans les mêmes circonstances, ils vivaient d'autant plus long-temps après la destruction de la même longueur de moelle, qu'ils étaient plus voisins de l'époque de la naissance; qu'on pouvait en détruire une portion d'autant plus considérable sans les faire périr, qu'ils étaient plus jeunes.

Les rapports du grand sympathique avec la moelle ne sont donc pas les mêmes dans les différentes espèces et dans les différens âges. Ils deviennent donc de jour en jour plus intimes après la naissance, à mesure que les fonctions de relation prennent plus de développement.

L'être vivant, considéré dans son ensemble, forme un tout dont les parties doivent être en harmonie : il doit donc exister une liaison nécessaire entre les fonctions qui veillent à sa conservation à l'extérieur, et celles qui travaillent à sa réparation au-dedans. Ces rapports n'ont pas besoin d'exister chez le fœtus, qui n'a aucune relation avec les corps extérieurs. Mais lorsqu'après la naissance le système nerveux de la vie animale est sorti de l'engourdissement dans lequel il était plongé, lorsque cette harmonie a eu le temps de s'établir, on conçoit facilement que la destruction subite de la moelle doit avoir une grande influence sur le système des ganglions, dont elle détruit tout-à-coup les nombreux rapports; mais il ne faut pas en conclure pour cela qu'ils y ont leur racine.

Il me semble que ces réflexions suffisent pour expliquer l'opposition apparente qui existe entre les expériences de Legallois et les observations que j'ai rapportées, et que nous pouvons, malgré ces expériences, admettre que le système des ganglions possède en lui-même toutes les conditions nécessaires pour remplir ses fonctions; qu'il n'a son origine nulle part, mais que les rameaux de communication qui l'unissent à la moelle établissent entre ces parties des connexions intimes.

Nous avons vu, dans la première observation, que, deux jours avant d'accoucher, la mère avait dit qu'elle sentait distinctement remuer le fœtus : elle est entrée à ce sujet dans des détails qui doivent inspirer d'autant plus de confiance qu'elle avait déjà eu cinq enfans, et qu'elle a fait observer que les mouvemens de celui-ci n'étaient pas aussi forts que ceux des autres ; ce qui s'accorde bien avec la grande quantité d'eau contenue dans la matrice, et la destruction du cerveau et de la moelle. Il est à regretter qu'on ait toujours négligé de s'informer de cette circonstance importante : il n'en est fait mention dans aucune des observations que j'ai lues. Si ces mouvemens ont eu lieu, comme il n'est guère possible d'en douter, comment les concevoir après la destruction du cerveau, du cervelet et de la moelle? Reil et Prochaska, d'après un grand nombre d'expériences, pensaient que toutes les parties du système nerveux, même les plus petits rameaux, possédaient par eux-mêmes la faculté de produire l'*agent nerveux*, quelle que soit sa nature, de le conserver pendant plus ou moins de temps, même après la mort; qu'il n'a besoin pour entrer en action que d'une cause déterminante : cette opinion est partagée par Scarpa et Legallois. Sans prétendre ici la défendre, je ne puis m'empêcher de rappeler que les nerfs du cerveau et de la moelle, presque tous atrophiés, ou réduits à leur névrilème jusqu'au moment où ils entraient dans les trous du crâne ou dans les espaces intervertébraux, se renflaient ensuite, et avaient un volume proportionné au développement des parties auxquelles ils se rendaient, et ne différaient en rien de ceux d'un fœtus du même âge. Toutefois, soit qu'on admette ou non cette opinion, il n'en faut pas moins chercher quelle est la cause déterminante de ces contractions musculaires. En parlant des mouvemens du fœtus dans le sein de la mère, Bichat, d'après l'absence extrêmement probable des fonctions de tous les organes de la vie *animale*, en plaçait la cause dans ceux de la *vie organique*. Il pensait qu'étant seuls en action, ils pouvaient seuls transmettre au cerveau des sensations propres à déterminer des contractions musculaires. Il compare ces mouvemens à ceux d'un homme endormi dont la digestion est pénible. Dans le fœtus dont j'ai rapporté l'observation, le cerveau n'existant pas, l'influence du système nerveux des ganglions sur les nerfs de la vie animale n'a pu s'exercer que par les nombreuses anastomoses de ces ganglions avec les plexus cervical, brachial, lombaire et sacré. (1)

(1) Ceci pourrait servir à expliquer les phénomènes de l'hystérie. Tous les observateurs ont noté que, dans les accès hystériques, les malades ne perdent pas entièrement connaissance; les sens de l'ouïe, de l'odorat, du goût, du toucher, continuent à percevoir d'une manière assez distincte, puisque, après l'accès, elles peuvent rendre compte de ce qu'elles ont entendu, des sensations qu'elles ont éprouvées. Il n'en est pas de

Quant aux caractères distinctifs du système nerveux de la *vie organique*, à sa distribution, à ses fonctions, je ne puis que renvoyer à l'ouvrage de Bichat.

---

même dans les accès d'épilepsie. C'est même le principal caractère distinctif que donnent les auteurs pour distinguer, chez les femmes, deux maladies dont les symptômes ont tant d'analogie : or, tout le monde sait que le point de départ des affections hystériques est la matrice, tandis que l'épilepsie dépend presque toujours d'une affection chronique du cerveau ou de ses membranes.

J'ai vu, il y a un an, dans la salle du Rosaire, n°. 17, une femme âgée de quarante-cinq ans, qui avait une paralysie de la luette, laquelle changeait entièrement le timbre de sa voix. Elle avait aussi la peau paralysée depuis le coude jusqu'au bout des doigts, depuis le genou jusqu'aux orteils ; du reste, elle avait conservé toute sa raison, le libre usage de tous ses sens, la liberté de tous les mouvemens ; elle s'exprimait avec clarté et précision. C'était la quatrième fois qu'elle éprouvait les mêmes symptômes ; chaque fois ils avaient duré trois semaines ou un mois ; ils avaient été précédés d'accès hystériques. Comme elle éprouvait de la difficulté à uriner, en palpant le bas-ventre je reconnus au-dessus du pubis une tumeur du volume des deux poings, et je m'assurai, par le toucher, qu'elle était développée dans la matrice ; ce qui confirma le diagnostic de M. Récamier, qui avait, dès le premier jour, regardé cette paralysie comme une affection hysté-

Système nerveux de la vie animale.

Voyons si la pathologie ne peut pas nous fournir sur le cerveau, le cervelet et la moelle, des faits aussi positifs que sur le grand sympathique, des données plus applicables à l'homme que les expériences sur les animaux.

---

rique. Tous ces symptômes diminuèrent peu-à-peu, et disparurent au bout de huit à dix jours.

J'ai vu, dans la même salle, une infirmière également hystérique, qui, à la suite de ses accès, conservait pendant sept à huit jours tantôt une paralysie de la langue, d'autres fois de l'une ou de l'autre partie du corps, de manière à simuler une apoplexie. J'en ai vu d'autres qui éprouvaient une exaltation de la sensibilité, puis une paralysie du sentiment, tantôt dans un endroit, tantôt dans un autre. J'en ai vu une autre qui a perdu la vue en mangeant sa soupe, et l'a recouvrée subitement quelque temps après. Cette singulière cécité s'est renouvelée plusieurs fois à ma connaissance. Les auteurs sont pleins de faits analogues. Il me semble que ces symptômes bizarres doivent être assimilés à ces mouvemens du fœtus dont nous venons de parler, et expliqués de la même manière, par l'influence du grand sympathique sur les nerfs de la vie animale. Je me borne à ces rapprochemens, parce que les phénomènes hystériques sont les moins équivoques ; mais on pourrait les étendre à une foule de phénomènes pathologiques qu'on appelle des *anomalies*, ou qu'on désigne vaguement sous le nom de *sympathies*, sans trop chercher à s'en rendre compte.

J'ai vu, il y a quatre ans, à l'Hôtel-Dieu, un fœtus anencéphale à terme, ou à peu près, qui vécut trois jours. Pendant tout ce temps il poussa des cris assez forts, exerça des mouvemens de succion toutes les fois qu'il sentit quelque chose entre ses lèvres ; mais on fut obligé de le nourrir avec du lait et de l'eau sucrée, parce qu'aucune nourrice ne voulait lui donner le sein. Il exécutait des mouvemens assez étendus des membres thoraciques et abdominaux. Quand on plaçait un corps étranger dans ses mains, il fléchissait les doigts comme pour le saisir; mais en général tous ses mouvemens avaient moins d'énergie que ceux d'un fœtus de même âge.

Le cerveau et le cervelet manquaient entièrement; il ne restait à la base du crâne que la moelle allongée et la protubérance annulaire, avec l'origine des nerfs pneumo-gastrique, trifacial et optique. Le tout était recouvert par les débris des os du crâne, des méninges et de la peau.

Un fait semblable a été observé, il n'y a pas long-temps, à l'Hospice de perfectionnement. Ils sont assez communs dans les auteurs, et assez connus aujourd'hui pour que je n'aie pas besoin d'en rapporter des exemples, comme j'ai cru devoir le faire pour les cas beaucoup plus rares de destruction de la moelle. Ces observations suffisent pour prouver que le cerveau n'est pas la *source unique de la puissance nerveuse*, comme le croyait Haller, ni *le centre unique du système nerveux de la vie animale*, comme le pensait Bichat. Ils prouveraient encore, si cela avait besoin de l'être aujourd'hui, que les mouvemens indépendans de la volonté ne sont pas sous l'influence du cervelet (1).

Il en résulte enfin, comme conséquence immédiate, que les organes qui reçoivent leurs nerfs de la moelle allongée et de la moelle épinière, y puisent directement la puissance nerveuse qui les anime, tandis que c'est du cerveau que partent les déterminations de la volonté.

Mais on trouve encore un plus grand nombre d'observations de fœtus acéphales, chez lesquels la respiration n'a pu s'établir, et la dissection a prouvé que chez eux la moelle allongée avait été détruite en même temps que le cerveau. C'est donc de la moelle allongée que dépendent les phénomènes de la respiration; c'est aussi

---

(1) Willis, *Opera omnia*, t. I, p. 50. Boerhaave, *Institut. medicæ*, §. 409.

d'elle que les nerfs pneumo-gastriques tirent leur origine. (1)

Mais si la moelle allongée et la moelle épinière fournissent aux nerfs qui en partent la puissance nerveuse nécessaire à leurs fonctions, comment se fait-il que la compression, l'inflammation d'une portion quelquefois peu étendue du cerveau ou du cervelet, produisent, dans un cas la paralysie, dans l'autre des convulsions dans les muscles qui reçoivent leurs nerfs de la moelle? Legallois n'a pas cru pouvoir expliquer d'une manière satisfaisante ces contradictions (ouvrage cité, Avant-Propos, pag. xj). Il me semble cependant que cela est facile, en raisonnant ici comme nous l'avons fait pour le grand sympathique. Partons d'un point fixe : la respiration, la déglutition, la sensibilité et le mouvement ont existé malgré l'absence du cerveau et du cervelet. Aucune objection ne peut empêcher d'en conclure que ces fonctions sont indépendantes de ces organes; que par conséquent la moelle allongée et la moelle épinière ne puisent ni dans le cerveau, ni dans le cervelet, la puissance nerveuse qui anime les parties qui en reçoivent des nerfs. Si

(1) *Voy.* l'ouvrage de Legallois, p. 248.

les inflammations, les compressions du cerveau et du cervelet, déterminent des convulsions, des paralysies des membres, nous ne pouvons pas comparer rigoureusement ces altérations rapides avec la destruction lente du cerveau dans les acéphales. Je ne reviendrai pas sur ce que j'ai dit de la différence qui existe entre l'altération lente ou rapide d'un organe; je ferai seulement observer que ces épanchemens considérables, ces tumeurs énormes qui compriment et même déforment le cerveau et le cervelet sans qu'on observe pendant la vie aucun symptôme de paralysie, ces destructions par suppuration de lobes tout entiers du cerveau sans qu'il en résulte de convulsions; que ces altérations, dis-je, survenues plus ou moins lentement, accompagnées de symptômes différens, suivant leur degré de chronicité, nous conduisent pour ainsi dire, par des nuances insensibles, des maladies aiguës dont nous parlions, au cas de destruction du cerveau et du cervelet chez les fœtus acéphales.

Bien plus, ces apoplexies, ces compressions et inflammations, ne sont pas toutes également fortes; et j'ose dire que, si l'on y eût regardé de près, on aurait observé des phénomènes qui seuls auraient pu faire deviner que le cerveau n'était pas la source unique de la puissance nerveuse. Toutes les fois que dans une paralysie produite par compression, quelle que soit la cause de cette compression, le sentiment et le mouvement ne sont pas entièrement anéantis, les membres inférieurs sont moins affectés que les supérieurs : quelquefois il n'y a que la perte de la sensibilité ; alors vous pouvez arracher des poils de la barbe, pincer la peau des bras, sans que le malade se plaigne. Il n'en est pas de même quand vous passez de la poitrine au ventre et aux jambes. La sensibilité augmente de plus en plus à mesure qu'on s'éloigne de la tête. S'il y a seulement paralysie du mouvement, lorsque vous pincez le bras le malade ne peut pas le retirer, mais il y porte l'autre main pour éloigner la vôtre ; si vous pincez le mollet, il retire plus ou moins lentement le membre en fléchissant la jambe sur la cuisse. Lorsqu'il y a eu paralysie complète de la sensibilité et du mouvement, et qu'il survient un peu d'amélioration, c'est toujours par les membres inférieurs qu'elle commence ; très-souvent même le membre inférieur reprend ses fonctions, et le supérieur reste paralysé. Rien de plus commun que de rencontrer des individus qui, après une apoplexie, peuvent marcher et se promener plus ou moins bien, et portent en écharpe le bras du même côté entièrement paralysé.

J'ai vu dans la salle Saint-Charles un Suisse qui avait une paralysie incomplète des deux bras; la peau avait conservé un peu de sensibilité; celle de la poitrine était déjà plus sensible; enfin les jambes étaient sensibles et mobiles comme à l'ordinaire. La parole était fort embarrassée, les idées confuses. Il était arrivé peu à peu à cet état dans l'espace de quinze jours. Il mourut au bout de deux mois. Nous ne trouvâmes que de la sérosité dans les ventricules latéraux. Il y avait, à-peu-près dans le même temps, dans les salles de chirurgie, deux malades qui se trouvaient absolument dans la même position. Je n'ai pas su quelle avait été l'issue de la maladie.

J'ai remarqué un phénomène analogue dans les convulsions produites par inflammation du cerveau et de l'arachnoïde; constamment les mouvemens convulsifs sont plus forts dans les bras que dans les jambes; souvent même ils sont bornés aux bras. Il paraît donc que ces maladies ont une influence d'autant plus grande sur la moelle, qu'elle est plus voisine du cerveau, et que dans les cas moins graves elles n'empêchent pas les parties inférieures de la moelle de remplir leurs fonctions comme à l'ordinaire. Ces observations, qui n'ont peut-être été faites par personne, je les ai répétées sur un grand nombre de malades, et je n'ai pas encore trouvé d'exception. Les paralysies des membres inférieurs ne sont jamais produites par une affection du cerveau.

Enfin on rencontre assez souvent à la suite de plaies de tête, etc., des épanchemens doubles, et, par suite, des paralysies doubles des membres supérieurs et inférieurs; et cependant la respiration continue à se faire pendant plusieurs jours. (J'ai vu deux enfans vivre dans cet état pendant douze à quinze jours.) A la vérité elle est laborieuse ; mais, puisqu'elle continue, les intercostaux et le diaphragme ne sont pas paralysés. Il paraît donc que le cerveau n'a pas une aussi grande influence sur les parties de la moelle qui fournissent les nerfs diaphragmatiques et intercostaux que sur les autres; et ce sont aussi ceux dont les fonctions, en santé, sont plus indépendantes de la volonté, ceux par conséquent sur lesquels le cerveau a le moins d'influence.

Mais ce n'est pas tout, il faut encore tenir compte de l'époque à laquelle survient l'altération du cerveau. La différence des âges est une circonstance tellement importante, qu'on ne réussit sur les animaux mammifères à enlever le cerveau sans produire à l'instant la mort, que quand ils sont très-jeunes. Legallois (ouvrage cité, pag. 39, et Avant-Propos, pag. viij) attribue cette différence à ce que l'hémorrhagie qui résulte de l'expérience a une influence moins fâcheuse sur eux que sur les adultes. Mais on ne voit pas pourquoi l'hémorrhagie serait moins dangereuse à cette époque qu'à toute autre. Nous avons vu que les rapports de la moelle et du sympathique devenaient de plus en plus intimes à mesure que l'animal s'éloignait davantage de l'époque de la naissance. Pourquoi n'en serait-il pas de même pour le cerveau par rapport à la moelle? Tant que le fœtus est renfermé dans le sein de sa mère, le cerveau est dans l'inaction; mais puisque c'est de lui que partent les déterminations de la volonté, il doit donc s'établir, après la naissance, une liaison de plus en plus intime, de plus en plus nécessaire entre lui et la moelle: et ce qui le prouve d'une manière incontestable, c'est que la vie de ces fœtus nés sans cerveau et sans cervelet ne se prolonge jamais au-delà de trois ou quatre jours au plus. Ici on ne peut pas attribuer la mort à l'hémorrhagie. Si la présence du cerveau ne devenait pas de plus en plus nécessaire, on ne voit pas pourquoi, ayant vécu trois ou quatre jours, ils ne pourraient pas vivre davantage; car ils ne meurent pas d'inanition, puisque la déglutition s'opère comme à l'ordinaire. D'ailleurs les mouvemens de ces fœtus anencéphales ont en général moins d'énergie que ceux des fœtus ordinaires ; ce qui prouve que l'influence du cerveau sur la moelle ne se borne pas à la détermination des mouvemens soumis à l'influence de la volonté, mais en augmente encore l'énergie. Il me semble donc que la lenteur avec laquelle s'opère l'altération du cerveau, l'époque de la vie à laquelle elle arrive, la faiblesse des mouvemens des fœtus anencéphales, suffisent pour répondre à l'objection que Legallois s'était faite à lui-même, et que nous pouvons maintenant concevoir comment il se fait que, chez ces fœtus anencéphales, la moelle allongée et la moelle épinière continuent leurs fonctions malgré l'absence du cerveau et du cervelet ; tandis que plus tard la moindre altération brusque du cerveau ou du cervelet entrave ou pervertit les fonctions des nerfs qui partent de la moelle allongée ou de la moelle épinière.

Les effets de ces altérations ne peuvent donc pas nous empêcher de conclure que, 1°. tous les nerfs de la vie animale puisent dans l'endroit même de leur origine, au cerveau ou à la moelle, la puissance nerveuse nécessaire à leurs fonctions ; 2°. que c'est du cerveau que partent les déterminations de la volonté ; 3°. mais que le cerveau exerce sur la moelle une influence qui ne se borne pas à diriger son action suivant la volonté ; qu'il en résulte encore un surcroît d'énergie dans les fonctions de la moelle ; 4°. que l'influence du cerveau n'est pas la même sur toutes les parties de la moelle, par exemple, sur celles qui fournissent les nerfs de la respiration ; 5°. que cette influence est d'autant plus grande, d'autant plus nécessaire, que le fœtus s'éloigne davantage du moment de la naissance.

Je me suis attaché à expliquer plusieurs contradictions embarrassantes, parce que c'est toujours une chose pénible dans les sciences d'observation d'être obligé d'admettre des faits tout-à-fait opposés, également certains, sans pouvoir s'en rendre compte. Si les observations faites sur l'homme n'avaient été en opposition qu'avec les expériences sur les animaux, il eût été facile de démontrer qu'elles ne pouvaient pas lui être exactement applicables, parce que c'est surtout sous le rapport du système nerveux, et du cerveau en particulier, qu'il existe plus de différences entre l'homme et les animaux. En effet, la destruction du cerveau et du cervelet dans les reptiles, les tortues, par exemple, n'apporte aucun trouble apparent dans les fonctions des organes qui reçoivent leurs nerfs de la moelle allongée et de la moelle épinière : ces animaux survivent six mois à cette mutilation. (Voyez *Redi*, ouvrage cité.) Ces expériences ne réussissent sur les mammifères que quand ils sont très-jeunes; encore ils ne survivent pas plus de deux minutes. (Voy. *Legallois*, p. 39.) Si on opère sur une grenouille une section de la moelle à l'occiput, l'animal se trouve pour ainsi dire partagé en deux parties qui continuent d'agir et de sentir isolément; la respiration continue. Il n'en est plus de même chez les animaux à sang chaud, la respiration cesse; et quand on y supplée par l'insufflation pulmonaire, la vie n'en cesse pas moins au bout d'un temps très-court. (*Legall.*, Avant-Propos, p. v. et suiv.) Ces différences de résultat paraissent tenir à ce que l'influence du cerveau est d'autant plus grande que son volume est plus considérable. Or, il y a une plus grande disproportion entre le cerveau de l'homme et celui d'un lapin qu'entre celui-ci et celui d'une tortue. Les expériences galvaniques donnent aussi des résultats différens dans l'homme et dans les différens animaux. Bichat a vainement essayé de produire des contractions sur des suppliciés qui lui avaient été livrés peu de temps après la décapitation. Et plus on s'éloigne de l'homme dans la série des animaux vertébrés, plus ces expériences produisent des effets marqués, plus ces effets durent long-temps : on peut même obtenir sur les cuisses de grenouilles rapidement dépouillées, des contractions très-distinctes par le simple contact d'une cuisse avec l'autre.

Il en est de même pour les contractions du cœur séparé d'un animal vivant; elles durent plus long-temps chez les reptiles que chez les mammifères, ce qui doit faire croire que ces phénomènes tiennent à ce que les nerfs conservent plus ou moins de temps après la mort leur fluide nerveux. Or il est fort remarquable que ces différences de résultat dans les expériences coïncident avec le plus ou moins grand développement du cerveau et du cervelet, l'union plus ou moins intime des ganglions de la moelle. A mesure qu'on s'éloigne de l'homme, on voit diminuer le volume du cerveau, le nombre et la profondeur de ses circonvolutions; le cervelet resté derrière le cerveau perd ses masses latérales; il est réduit à son noyau central. La moelle, chez l'homme, forme un tout continu qui offre à peine de légers renflemens vis-à-vis l'origine des nerfs. A mesure qu'on s'éloigne de l'homme, les ganglions de la moelle deviennent de plus en plus distincts, les cordons de communication moins épais. Il paraît donc que les fonctions des différentes parties du système nerveux sont d'autant plus indépendantes les unes des autres, que ces parties sont moins développées, que leur union est moins intime. Ce qui le prouve, c'est que dans les animaux invertébrés qui ont un renflement cérébral, il peut se faire des reproductions de certaines parties; mais ces reproductions ont des limites. Dans les animaux rayonnés, chaque rayon peut reproduire un animal, pourvu qu'on ait soin de conserver le ganglion central; dans les articulés, chaque anneau, ayant un ganglion semblable aux autres, peut aussi reproduire l'individu; et remarquons qu'il ne se fait de reproductions que dans les dernières classes des animaux vertébrés. Si ces différences anatomiques peuvent expliquer la cause des différences qu'on observe dans le résultat des expériences sur les animaux, il faut convenir qu'il y a trop de distance entre le cerveau de l'homme et celui d'un lapin, par exemple, pour que ces expériences puissent nous dispenser d'étudier l'homme sur l'homme lui-même. Aussi j'ai eu soin de ne comparer entre eux que des faits tirés de l'observation de l'homme.

C'est encore de la pathologie qu'il faut attendre quelque chose de positif dans l'étude si obscure des facultés intellectuelles de l'homme; elle seule peut nous apprendre si le cerveau est en effet composé de plusieurs organes destinés à des fonctions spéciales, et quel est, dans ce cas, le siége de ces organes. Si nous sommes encore si peu avancés à cet égard, ce ne sont certainement pas les faits qui ont manqué. Combien de fois les différens points de la surface du cerveau n'ont-ils pas été mis à nu, de manière à permettre d'observer ses mouvemens, les effets d'une compression instantanée, etc.! Il n'est pas un point de la substance cérébrale qui n'ait été altéré, soit par des accidens de toute espèce, soit par des apoplexies, des inflammations, des tumeurs... Dans les hôpitaux d'aliénés, n'aurait-on pas pu comparer entre elles les altérations du cerveau à la suite de la manie, de la démence, de l'idiotisme, en un mot, de toutes les aberrations dont l'intelligence humaine est capable? Si l'on avait noté avec soin les symptômes observés pendant la vie, la nature et le siége des altérations; si l'on pouvait faire aujourd'hui un tableau comparatif de ces observations, quelles lumières n'en pourrait-on pas tirer! Pour en donner une idée, il me suffira de faire voir que la pathologie a devancé de plus de vingt siècles les découvertes de l'*anatomie* sur la structure du cerveau. Hippocrate avait remarqué que les plaies de tête produisaient ordinairement une paralysie du côté du corps opposé au coup. Arétée alla plus loin, il devina l'entrecroisement des fibres du cerveau, qui ne fut démontré, le scalpel à la main, que dans ces derniers temps.

Enfin, pour l'étude physiologique des nerfs, quels secours ne peut-on pas tirer de la pathologie ! Dans les différens accidens qui sont du ressort de la chirurgie, dans les différentes opérations pratiquées sur l'homme, ces organes n'ont-ils pas été comprimés, contus, liés, coupés, déchirés ?

Le physiologiste ne tiendra-t-il aucun compte des différentes maladies qui se développent sur le trajet des nerfs, des tumeurs qui en écartent lentement les filets sans nuire à leurs fonctions, des effets de leur piqûre, de leur déchirure, des différentes névralgies, de certaines affections tétaniques, de certaines épilepsies, des inflammations qui se développent dans un membre paralysé, de la sensibilité que fait naître l'inflammation dans des tissus jusqu'alors insensibles, et dans lesquels l'anatomie n'a point encore démontré de nerfs ?

Il faut donc avouer que, pour tout ce qui

tient aux fonctions du système nerveux, la pathologie nous fournit des données plus variées que les vivisections, et plus sûres, puisqu'elles sont applicables à l'homme, et que les malades, au moins le plus souvent, peuvent rendre compte des différentes sensations qu'ils éprouvent.

OBSERVATIONS

SUR

LES FONCTIONS DES ORGANES DIGESTIFS.

Du Vomissement.

Pour suivre toujours la même marche, je commencerai par rapporter des faits; il sera facile ensuite d'en tirer des conséquences. J'ai vu, il y a un an, à l'Hôtel-Dieu, salle du Rosaire, n°. 2, une femme d'une forte constitution, qui, à la suite d'une frayeur et de quelques imprudences commises pendant la menstruation, eut une suppression de règles; elles n'avaient pas reparu depuis six mois. Depuis ce temps elle éprouvait à chaque époque menstruelle une hématémèse qui durait pendant trois ou quatre jours.

Quand le travail de la digestion commençait, elle éprouvait un frisson, un refroidissement des extrémités, une grande chaleur à l'épigastre, et au bout d'une demi-heure la congestion faite sur l'estomac amenait un épanchement de sang, dont elle avait la conscience par la cessation de cette chaleur incommode, et un sentiment de pesanteur, de malaise, qui ne tardait pas à être suivi de nausées, et bientôt de vomissement; mais ce qui est fort extraordinaire, c'est qu'elle ne rendait jamais que des caillots de sang, quelquefois très-considérables, et toujours sans le moindre mélange d'alimens ou de boissons. Après une demi-heure environ, les vomissemens cessaient, le calme se rétablissait, et la digestion continuait comme dans l'état de santé parfaite. A l'occasion de cette femme, M. Récamier nous cita dans sa clinique plusieurs observations analogues, qui prouvent que l'estomac a une action élective sur telle ou telle substance; que, dans les efforts de vomissement, elle peut laisser sortir les unes et retenir les autres.

Voici une observation qui prouve que dans les efforts de vomissement les contractions de l'estomac peuvent être portées au point de produire la déchirure de cet organe. Une malade de la salle de la Crèche, qui depuis cinq ou six mois digérait difficilement, se trouvant beaucoup mieux à la suite du régime assez sévère auquel elle avait été soumise, crut pouvoir se dédommager des privations qu'elle avait éprouvées, en satisfaisant son appétit sans garder de mesure. Bientôt elle éprouva de la pesanteur à l'estomac, des nausées, des envies de vomir; mais elle ne fit que de vains et violens efforts pour débarrasser son estomac. Tout-à-coup, au milieu des plus vives angoisses, elle éprouva dans le bas-ventre une grande douleur accompagnée d'un sentiment de déchirure; elle poussa plusieurs cris aigus, tomba sans connaissance; son corps se couvrit d'une sueur froide; les efforts de vomissement cessèrent; le ventre devint plus mou, quoique volumineux. Elle parut d'abord un peu plus calme; mais peu à peu sa position devint de plus en plus fâcheuse : elle mourut pendant la nuit.

A l'ouverture du corps, nous trouvâmes la cavité du péritoine pleine d'alimens et de boissons, encore reconnaissables, à moitié digérés et d'une odeur aigre; la partie antérieure et moyenne de l'estomac était déchirée obliquement de sa petite vers sa grande courbure, dans une étendue de cinq pouces. Les bords de cette déchirure étaient minces, irréguliers, n'offraient aucune trace de maladie antérieure. Les trois membranes de l'estomac n'étaient pas déchirées dans la même étendue, ni exactement dans la même direction. La déchirure du péritoine était plus considérable que celle de la membrane musculeuse, et celle de la muqueuse était la moins étendue. On eût dit qu'elles avaient été séparées par dissection dans l'étendue d'un pouce tout autour de la déchirure : il paraît que cela tient à la différence d'élasticité de ces trois tissus. Le pylore offrait un rétrécissement circulaire dû à un épaississement squirrheux d'un pouce et demi de largeur. Le reste de l'estomac était parfaitement sain ; l'orifice cardiaque était libre et sans la moindre altération.

Voilà des faits qui prouvent que l'estomac joue un grand rôle dans le vomissement, puisque d'une part nous voyons qu'il rejette de sa cavité certaines substances, et qu'il en conserve d'autres sur lesquelles il continue d'agir comme à l'ordinaire. Si le vomissement avait lieu d'une manière purement mécanique, par une simple pression exercée sur les parois de l'estomac, on ne conçoit pas comment pourrait se faire cette espèce de choix. Il faut donc que l'orifice cardiaque remplisse, dans le vomissement, les mêmes fonctions que le pylore dans la digestion. On ne peut donc pas comparer rigoureusement une vessie de cochon adaptée à l'œsophage avec un estomac plein de vie. Si le cardia se contracte, quels que soient les efforts des agens du vomissement, celui-ci n'aura pas lieu. Nous en avons une preuve incontestable dans l'observation de rupture de l'estomac que nous venons de rapporter. Elle nous montre aussi jusqu'à quel point peuvent être portées les contractions de l'estomac dans cet acte vraiment convulsif.

On ne peut pas attribuer la rupture de l'estomac aux effets du diaphragme et des muscles abdominaux; car l'estomac, fût-il plus mince que le péritoine, et comprimé par des forces aussi grandes qu'on peut les supposer, il est impossible qu'il se déchire, s'il est comprimé dans toute sa périphérie, puisqu'il trouve partout, sur les organes mêmes qui le compriment, une résistance, un point d'appui proportionnés à la force même avec laquelle il est comprimé. Il faudrait donc, pour qu'il pût se faire une déchirure, que cette résistance vînt à manquer tout-à-coup dans un des points de la surface de l'estomac; il faudrait alors supposer un vide dans quelque partie de la cavité du bas-ventre. Nous ne pouvons donc attribuer la déchirure de l'estomac qu'aux contractions convulsives de cet organe.

A côté de ces observations, qui montrent la part active que prend l'estomac dans les efforts du vomissement, plaçons celle de Lieutaud, qui prouve que le vomissement ne peut avoir lieu sans la participation de cet organe : je n'en rapporterai que les circonstances principales. (*Académie des Sciences*, année 1752, p. 45.) Un homme, âgé de soixante-cinq ans, éprouvait depuis long-temps des plénitudes d'estomac, avec pesanteur, douleur sourde dans les environs; « *Le ventre était paresseux; il éprouvait des envies de vomir continuelles, sans cependant vomir jamais, même avec le secours de l'art; il éprouvait une répugnance presque invincible à avaler les remèdes et les alimens.* » Après sa mort, on trouva l'ouverture du pylore aussi libre qu'elle pouvait l'être : l'estomac était rempli et distendu, quoique depuis long-temps il mangeât fort peu; le tube intestinal était extraordinairement rétréci. De toutes ces circonstances, Lieutaud conclut avec raison que cet homme avait une paralysie des fibres musculaires de l'estomac, puisque cet organe n'avait pas assez d'énergie pour faire passer les alimens dans les intestins, quoiqu'il n'existât aucun obstacle à leur sortie. Il explique par cette paralysie les nausées continuelles, les envies de vomir, et l'impuissance des efforts du malade et des moyens employés pour déterminer le vomissement.

Cette observation de Lieutaud me semble tout-à-fait décisive; et ceux qui ont soutenu que l'estomac était passif dans le vomissement, n'y ont jamais répondu d'une manière satisfaisante ; il semble même qu'on ait toujours évité d'y répondre. « On ne pourra, ce me semble, dit M. Magendie (*Mémoire sur le vomissement*, page 9), s'empêcher de remarquer que les argumens de Lieutaud contre la doctrine de Chirac, quelque pressans qu'ils paraissent, n'étant point appuyés d'expériences, ne sont que de pures spéculations de théorie, qui ne prouvent absolument rien contre des faits. » Mais l'observation de Lieutaud n'est-elle pas un fait ? et quel degré de confiance méritent les expériences sur les animaux, quand, faites par des hommes également recommandables sous tous les rapports, elles donnent des résultats tout-à-fait opposés (1) ? Quand on est sans prévention, quel parti prendre entre des autorités aussi respectables ? D'après cela, n'est-il pas bien surprenant que, dans une question qui se lie si intimement à la pathologie, on ait prétendu attacher beaucoup plus d'importance aux expériences sur les animaux qu'aux faits pathologiques ? En supposant même que tant d'expériences faites sur les chiens fussent d'ac-

(1) *Voyez*, d'une part, les Expériences de Bayle et Chirac, reprises avec un nouvel éclat par M. Magendie, et celles de Haller et Wepfer, sans compter celles de MM. Mingault et Marquais.

cord entre elles, si elles se trouvaient en opposition avec les observations tirées de la pratique de la médecine, tout ce qu'on pourrait en conclure, c'est que chez les chiens les choses se passent de telle ou telle façon : on ne pourrait en tirer aucune conséquence rigoureuse par rapport à l'homme, à plus forte raison si elles sont contradictoires. Les observations que j'ai rapportées, quoique peu nombreuses, suffisent donc pour prouver, 1°. qu'il faut, pour que le vomissement puisse s'opérer, que l'état du cardia soit en harmonie avec les autres puissances qui entrent alors en action.

2°. Que, dans le vomissement, les fibres musculaires de l'estomac se contractent d'une manière très-énergique, puisqu'il peut en résulter la déchirure de cet organe.

3°. Qu'enfin, sans les contractions de l'estomac, le vomissement ne peut avoir lieu.

Mais, pour peu qu'on observe ce qui se passe chez un homme qui vomit, il est aisé de voir que, depuis la bouche jusqu'à l'estomac, toutes les fibres musculaires sont dans un état presque convulsif: les contractions de l'œsophage ont même été quelquefois portées au point qu'il en est résulté des déchirures promptement mortelles (1).

---

(1) *Voyez* l'Observation de Boerhaave, rapportée par

Ainsi l'estomac, le cardia, l'œsophage, le pharynx, entrent en action simultanément, de manière à concourir au même but.

Tous les médecins savent que les malades qui portent des hernies sont obligés, quand ils vomissent, de les contenir soit avec la main, soit avec leur bandage. Les contractions de l'estomac seraient loin de pouvoir produire cet effet. Il faut donc que les muscles qui forment l'enceinte de l'abdomen se contractent : en effet, dans les efforts de vomissement, le ventre est dur et rétracté. Nous ne pouvons pas nous assurer directement de l'action du diaphragme qui est soustrait à nos sens ; mais, pour avoir la certitude qu'il se contracte, il suffit de remarquer ce qui se passe alors dans les organes respiratoires. Après une forte inspiration, les mouvemens de la poitrine sont suspendus pendant tout le temps que dure chaque effort de vomissement; le malade pousse alors comme s'il voulait aller à la selle. La respiration étant suspendue, la circulation pulmonaire est ralentie. Par suite, il y a stase du sang dans le ventricule droit et dans tout le système veineux : de là la turgescence

Zimmermann dans son Traité de l'Expérience ; et celle de M. Guersent, Bulletin de l'École de Médecine de Paris, année 1807, p. 31.

violacée de la face, le gonflement du cou. Ainsi ce n'est pas seulement le diaphragme qui se contracte, ce sont encore tous les muscles inspirateurs. Nous voyons la même chose arriver dans l'expulsion de l'urine et des matières fécales; le diaphragme, faisant partie des parois de l'abdomen, se contracte avec les autres muscles toutes les fois qu'il faut que cette cavité soit resserrée. Ainsi l'estomac, le cardia, l'œsophage d'une part; de l'autre les muscles abdominaux, le diaphragme et les muscles inspirateurs, entrent simultanément en action pour l'accomplissement du vomissement.

Lorsque le concours de deux organes est nécessaire pour arriver à un même but, nous voyons que la nature a établi entre eux une harmonie admirable, indépendante de la volonté. Pendant le vomissement, le pharynx, la luette se contractent en même temps que l'estomac; réciproquement, lorsque la luette est titillée, l'estomac se soulève pour expulser la cause qui produit cette irritation incommode, de la même manière que les muscles de la poitrine pour produire l'éternuement, quand un corps étranger fatigue la membrane pituitaire. Il en est de même pour la vessie et le rectum lorsqu'ils sont irrités par l'urine ou les matières fécales. Nous avons vu que dans les grossesses extra-utérines, quel que soit le lieu où le fœtus se développe, il suffit que la fécondation soit opérée, pour qu'il se passe dans la matrice les mêmes phénomènes que si le fœtus y était contenu. Il ne faut donc pas nous étonner si, indépendamment de la volonté, tant d'organes concourent au vomissement. Il en est de l'estomac comme de la vessie et du rectum. Quand la contraction des muscles du bas-ventre est très-douloureuse, il y a rétention d'urine et constipation; la même chose arrive quand il existe faiblesse ou paralysie de la vessie ou du rectum. Cependant ces rapports varient suivant les âges et les maladies. Ainsi, par exemple, on sait avec quelle facilité les enfans vomissent (je ne parle pas de la régurgitation par laquelle les nouveau-nés soulagent leur estomac surchargé de lait); ils vomissent presque sans effort; les émétiques ne les fatiguent pas à beaucoup près autant que les adultes; l'estomac paraît chez eux jouer le rôle le plus important. Les vieillards vomissent en général plus difficilement que les adultes. Il en est de même de la vessie; on sait qu'à peine sorti du sein de sa mère, le fœtus lance quelquefois à une grande distance un jet d'urine; que pendant les premières années les enfans urinent à chaque instant, et qu'enfin, jusqu'à l'âge de huit à dix ans, ils ont souvent pendant la nuit des émissions involontaires d'urines. Tout le monde sait enfin que les vieillards sont très-sujets aux paralysies de vessie, indépendantes d'aucun rétrécissement du canal de l'urètre. Enfin on peut en dire autant du rectum, qui devient, comme on dit, paresseux chez les vieillards. On conçoit, d'après cela, que les autres agens accessoires, tels que le diaphragme et les muscles abdominaux, deviennent de plus en plus nécessaires, à mesure que les premiers s'affaiblissent; enfin, cela varie encore dans la maladie. J'ai vu, par exemple, un grand nombre d'individus qui, ayant des péritonites fixées surtout du côté du foie et de l'estomac, rendaient par le vomissement une immense quantité de bile sans le moindre effort et par une espèce de régurgitation. Il m'a semblé que les muscles abdominaux et le diaphragme, dans ces cas-là, ne prenaient pas de part au vomissement. On observe exactement la même chose dans les hernies étranglées depuis quelque temps; les matières fécales remontent dans la bouche sans secousse, par un mouvement continu, qui ressemble beaucoup à la rumination; ensuite le malade les crache plutôt qu'il ne les vomit. La manière dont s'opère ce vo-

8

missement de matières fécales aurait bien dû rendre circonspects ceux qui pensaient que l'estomac était passif; car on ne conçoit pas pourquoi il ne jouirait pas, comme les intestins, d'un mouvement antipéristaltique; pourquoi il ne pourrait expulser, de la même manière qu'eux, ce qu'il renferme dans sa cavité. Dans le cas dont nous parlons, les contractions de l'estomac sont évidemment la continuation de celles des intestins; elles en ont le caractère, puisqu'elles se font sans secousse. C'est ce moyen que M. Maingault a employé dans ses expériences sur les chiens, et il est très-probable que cette circonstance a influé sur les résultats qu'il a obtenus.

De tout ce que j'ai dit, je crois pouvoir conclure que ceux qui ont placé exclusivement dans l'estomac, le diaphragme ou les muscles abdominaux, la puissance qui produit le vomissement, ne se sont trompés que parce qu'ils n'ont voulu tenir compte que d'une circonstance particulière. C'est entre les extrêmes qu'on trouve presque toujours la vérité :

Stat in medio virtus.

OBSERVATIONS

SUR LA DIGESTION.

Action de l'estomac sur les différentes espèces d'alimens.

Chez les individus affectés d'*anus contre nature*, une portion d'intestin adhérente aux parois abdominales s'ouvre à la surface de la peau, et conduit à l'extérieur tantôt la totalité, tantôt une partie seulement des matières alimentaires, suivant que la capacité du tube intestinal est plus ou moins exactement interceptée. Ainsi, lorsque les alimens sortent par cette ouverture, ils n'ont parcouru que la moitié, le tiers ou même le quart de la longueur des intestins, suivant que la portion qui s'ouvre au dehors est plus ou moins éloignée de l'estomac; ils n'ont subi qu'une élaboration incomplète. On peut donc suivre les progrès du travail de la digestion dans le tube intestinal, comme ou a pu le faire pour l'estomac chez cette femme de la Charité, qui avait une perforation de cet organe (voyez la Physiologie de M. Richerand, *de la Digestion*), et même avec beaucoup plus d'avantage , puisque l'estomac jouissant de toute son intégrité, nous devons présumer que ses fonctions se font comme dans l'état de santé.

Dans les expériences sur la digestion, on sacrifie des animaux après les avoir fait manger quelque temps auparavant , afin d'examiner l'état de la pâte alimentaire contenue dans les intestins; mais nous pouvons l'observer chez l'homme au moment où il sort par l'ouverture du tube intestinal; nous pouvons de plus multiplier les observations, varier la nature de ses alimens , et nous avons l'avantage de pouvoir tirer de ces faits des conséquences applicables à l'homme. Ces maladies offraient donc aux physiologistes des expériences toutes faites : ils n'avaient qu'à observer ; mais c'était de la pathologie ! Les succès obtenus par M. Dupuytren dans le traitement de cette dégoûtante infirmité ayant attiré à l'Hôtel-Dieu un grand nombre de ces malades, j'ai eu occasion d'en observer beaucoup dans un court espace de temps. Je vais extraire des observations que j'ai recueillies ce qui a rapport à la physiologie, laissant de côté tout ce qui est purement pathologique. Cette digression serait d'autant plus déplacée que M. Dupuytren ne tardera probablement pas à faire connaître une des découvertes les plus utiles de la chirurgie moderne.

Tous ceux que j'ai interrogés ont éprouvé dans leur convalescence un amaigrissement rapide, surtout dans les premiers temps, une grande diminution des forces, un appétit insatiable; ce qui s'explique facilement par la cessation de l'absorption dans une partie du canal digestif. Les alimens ne parcourant qu'un court trajet depuis l'estomac jusqu'à l'ouverture qui les conduit au-dehors, sortent sans avoir été soumis à l'action des bouches absorbantes situées au-dessous, et par conséquent une grande quantité du chyle qu'ils contenaient encore n'a pu servir à la réparation du sang. Cependant cette réparation étant indispensable aux fonctions des organes les plus importans de la vie, les vaisseaux absorbans redoublent d'activité pour puiser dans les autres tissus de l'économie des matériaux qui suppléent à ceux qui ne sont plus fournis par la digestion. De là l'amaigrissement, la diminution dans les forces.

On conçoit très-bien qu'une partie de la surface absorbante de la muqueuse intestinale ne faisant plus ses fonctions, on peut jusqu'à un certain point y suppléer en renouvelant plus souvent l'ingestion des alimens. C'est aussi ce qui arrive, puisque ces individus mangent beaucoup plus souvent que les autres. M. Richerand a fait la même remarque sur la femme de la Charité dont je parlais tout à l'heure; elle mangeait quatre fois autant qu'une autre. On observe la même chose dans les convalescences des maladies aiguës, à la suite d'une diète prolongée. Il en est de même chez tous ceux qui ont des pertes à réparer, ou qui doivent prendre de l'accroissement, comme chez les enfans. Si cette ingestion fréquente des alimens était un résultat du raisonnement, je ne m'y serais pas arrêté; mais c'est un sentiment impérieux, irrésistible, qui force ces individus à manger; comme si la nature avait craint d'abandonner leur existence au hasard. Tous les organes ont besoin de recevoir des matériaux réparateurs; c'est toute l'économie qui souffre de leur absence; c'est l'estomac qui *parle*, parce que c'est à lui que doivent être confiés les alimens qui fourniront au sang ses matériaux; et ce sentiment pénible qui les force à y introduire des alimens est d'autant plus impérieux, que le besoin de ces matériaux est plus pressant. A peine l'estomac est-il vide, qu'un nouveau besoin se fait bientôt sentir. Il paraît donc que le sentiment de la faim tient plutôt à ce besoin que le sang a de recevoir du chyle qu'à la vacuité de l'estomac (1). Les bouchers, qui absorbent par la peau et les poumons des molécules nutritives, mangent fort peu, surtout peu de viande. Ainsi, nous rapportons à l'estomac seul le sentiment de la faim, et cependant il paraît que la cause qui le fait naître est plus éloignée. Je ne prétends point expliquer ces rapports vraiment admirables; mais il me semble qu'on ne les a pas assez remarqués.

Cependant ceux qui ont des anus contre nature ne peuvent suppléer par la fréquence des repas à l'absorption qui ne se fait plus dans la portion inférieure des intestins, puisqu'ils maigrissent tous les jours pendant long-temps : leur moral s'affaiblit en proportion de leur physique; ils perdent peu à peu leur courage, leur énergie. Mais il paraît que les absorbans de la surface muqueuse intestinale qui conserve ses fonctions, augmentent peu à peu d'activité comme ceux du reste de l'économie, car l'amaigrissement cesse bientôt de faire des progrès; au bout de plusieurs années ils reprennent même de l'embonpoint, les forces se relèvent, l'aspect des alimens à leur sortie n'est plus le même que

(1) On pourrait en dire autant du sentiment de la soif, d'autant plus impérieux qu'il se fait dans un temps donné une perte plus considérable de liquide.

dans les premiers temps : cependant ils ne peuvent se livrer à aucun travail qui exige une certaine dépense de forces. J'ai dit qu'ils mangeaient très-souvent ; mais si ces repas étaient aussi copieux qu'à l'ordinaire, leur estomac serait toujours en action. On conçoit d'ailleurs que les absorbans, depuis la bouche jusqu'à l'ouverture accidentelle, peuvent bien plus facilement priver une petite quantité d'alimens de ce qu'ils renferment de nutritif que s'ils agissaient sur une masse plus considérable : aussi ces malades ne peuvent prendre à la fois autant d'alimens qu'ils le faisaient avant leur accident, et le repas qu'ils digéraient très-bien alors leur donnerait une indigestion. La plupart de ceux que j'ai vus à l'Hôtel-Dieu conservaient une partie de leurs alimens pour la nuit, pendant laquelle ils faisaient plusieurs repas.

On conçoit que tous ces phénomènes varient suivant la longueur du *bout supérieur*, le tempérament, l'âge, le sexe. J'ai remarqué que ceux qui avaient plus maigri, qui étaient plus faibles et mangeaient plus souvent, étaient aussi ceux qui gardaient moins long-temps leurs alimens. Tel était un jeune homme de 26 ans, très-lymphatique, qui ne les gardait jamais plus de deux heures avant de les rendre par la plaie. C'était aussi celui qui était le plus tourmenté par la faim : les alimens sortaient aussi moins élaborés ; ce qui me fait croire que chez lui l'ouverture de l'intestin était plus rapprochée de l'estomac que chez aucun autre. J'en ai vu qui ne les rendaient que beaucoup plus tard. Le nommé C**, âgé de 29 ans, quoique d'un tempérament bilieux, d'une forte constitution, les gardait ordinairement quatre heures, et quelquefois cinq : aussi avait-il conservé toute sa fraîcheur et son embonpoint, il n'avait presque rien perdu de ses forces, de son courage et de sa gaîté, la pâte chymeuse était plus brune, plus liée ; on y reconnaissait moins la nature des alimens ; il supportait plus facilement la faim.... Il paraît que chez lui l'ouverture de l'intestin se rapprochait davantage de l'anus.

M. M** a offert une particularité assez remarquable. Il rendait tous les matins, par l'ouverture de l'anus accidentel, cinq ou six cuillerées d'un liquide jaunâtre, visqueux, transparent, qu'il appelait de l'urine. Mais lorsqu'il avait mangé plusieurs fois pendant la nuit, ou qu'il avait pris dès le matin des alimens solides, il ne rendait rien : la soupe, le bouillon, etc., ne produisaient pas le même effet. Il paraît que ce liquide était un composé de bile, de sucs pancréatiques et de mucosités, qui avaient le temps de s'amasser dans l'intestin lorsque le malade mettait un trop long intervalle entre deux digestions. Il était au contraire absorbé lorsque le malade mangeait du pain qui s'en imprégnait : il fut le seul qui rendit de ce liquide, au moins en quantité aussi notable. Cette différence suppose une plus grande activité du foie et du pancréas : cela pouvait bien influer pour quelque chose sur son appétit. Quoi qu'il en soit, nous voyons qu'il existe à cet égard de très-grandes différences suivant les individus : c'est sans doute à des différences de ce genre qu'il faut attribuer les anomalies sans nombre qu'on rencontre sans cesse dans les fonctions des organes digestifs, la bizarrerie de certains appétits, etc.

Tous ces malades, sans exception, avaient renoncé aux fruits, aux plantes légumineuses potagères, à tous les alimens dont la base est la fécule. Tous avaient observé que ces alimens les soutenaient peu et n'apaisaient la faim que pour un instant; tous, sans exception, avaient été conduits par leur expérience à ne manger que de la viande; ce qui est parfaitement d'accord avec l'observation de tous les temps, sur la grande différence qui existe entre les matières végétales et les matières animales, sous le rapport des propriétés nutritives. Mais ce qui est fort remarquable, c'est que les végétaux restaient beaucoup moins de temps dans l'estomac que les viandes; ils sortaient en général moitié plus tôt. Lorsque M. M** n'avait mangé que du pain et de la viande, les alimens ne se présentaient pour sortir qu'au bout de deux heures; lorsqu'il avait pris des végétaux, il était obligé de lever son appareil une heure après. M. C** gardait les premiers quatre heures, et les seconds seulement deux heures ou deux heures et demie au plus: les autres malades ont présenté des résultats analogues. Chez tous, les haricots, les lentilles, les pommes de terre, même broyées, sous forme de bouillie, sortaient presque sans altération; il était toujours facile de les reconnaître. Les fruits crus sortaient en morceaux durs et compacts, sans avoir éprouvé la moindre altération. Les pruneaux, les épinards, ne manquaient presque jamais de leur procurer un dévoiement subit, et conservaient leur aspect et leur couleur. Enfin, j'ai vu plusieurs fois des poireaux qu'ils avaient avalés avec la soupe sortir entiers, et tellement intacts, qu'il eût été impossible de soupçonner qu'ils avaient été soumis à l'influence des organes digestifs. Le pain restait fort long-temps, ainsi que la viande bouillie, mais pas autant que ces mêmes viandes rôties; aussi les côtelettes étaient leur mets favori. La pâte chymeuse formée par ces substances était plus liée, moins grossière; on n'y reconnaissait plus du tout les élémens qui la composaient.

La forme sous laquelle les alimens étaient ingérés, leur état, influaient sur la durée de leur séjour. Ainsi les viandes dures, peu mâchées, les tissus qui contenaient beaucoup de gélatine, dont la cohésion n'était pas vaincue par la cuisson, restaient plus long-temps que les mêmes alimens dans les circonstances opposées. Il en était de même des œufs cuits durs, par rapport aux autres.

Mais la cohésion n'avait pas une si grande influence qu'on eût pu le penser sur la rapidité de la digestion. Ainsi, par exemple, les œufs sous forme molle ou liquide, faisaient dans l'estomac ou les intestins un séjour bien plus prolongé que des morceaux de poires ou de pommes crues; il y a plus, c'est que les fruits cuits étaient rendus moins promptement que les mêmes fruits crus. D'un autre côté, les alimens mous ou liquides ne sont pas plus facilement altérés par la digestion que ceux qui sont plus consistans. J'ai dit ce qui arrivait pour les pruneaux, les épinards : quand les malades prenaient du lait, pour lequel ils avaient en général une grande répugnance, ils avaient aussi, presque à l'instant, le dévoiement, et au bout d'une demi-heure, une heure, il sortait en grumeaux coagulés comme le caséum. Jusqu'à présent j'ai supposé que ces malades n'avaient pris à la fois qu'une espèce d'aliment, et cela arrivait souvent, parce qu'ils mangeaient, comme je l'ai dit, peu à chaque repas; mais lorsque des alimens de nature différente étaient mêlés dans l'estomac, et qu'il y en avait dans le nombre qui pouvaient être reconnus à leur sortie, il était facile de s'assurer que ceux que nous avons dit rester moins long-temps sortaient également les premiers. Ainsi les fruits crus qu'ils mangeaient après la viande se présentaient toujours les premiers.

Ces observations ont offert assez de constance sur onze malades que j'ai observés à l'Hôtel-Dieu ou interrogés aux Invalides; elles portent sur un assez grand nombre d'alimens de nature différente pour qu'on puisse en tirer des conséquences générales.

Nous voyons d'abord que les alimens qui restaient le plus de temps dans l'estomac et les intestins étaient du nombre de ceux qu'on a toujours regardés comme les plus nourrissans.

Ainsi, comme on l'a dit depuis long-temps, les alimens ne sortent pas de l'estomac suivant l'ordre dans lequel ils y sont entrés; mais ce ne sont pas ceux qui sont plus promptement altérés, ceux qui résistent le moins à l'action des forces digestives qui sortent les premiers, puisque ceux qui se présentent le plus promptement à l'ouverture accidentelle de l'intestin sont ceux précisément qui ont le plus conservé de leur forme, de leur aspect primitif, et ceux-là sont ceux qui nourrissent le moins. Cela ne tient pas à leur état de solidité, de mollesse ou de liquidité, puisque la même chose arrive pour les fruits crus, pour les épinards, pruneaux, etc., et pour le lait, etc.....

Les alimens restent donc d'autant plus longtemps dans l'estomac, quel que soit leur état, qu'ils contiennent plus de matériaux susceptibles de servir à la nutrition, qu'ils sont plus animalisés (par exemple, les viandes, les œufs, le pain, etc.). Comme c'est le pylore qui probablement les retient dans l'estomac, nous admettrons qu'il a une action élective, une sensibilité propre; qu'il fait, comme on le dit, *l'office d'un vigilant portier* (πυλωρος), en ce sens, qu'il force à rester dans l'estomac les substances sur lesquelles cet organe peut agir avec fruit pour la nutrition. Mais comme il laisse passer les autres dans un état d'intégrité plus ou moins complète, que même il les laisse passer les premiers, nous ne pouvons pas dire, avec tous les physiologistes, qu'il est chargé de les repousser jusqu'à ce qu'ils aient subi une élaboration convenable, qu'il empêche que rien ne passe dans le canal intestinal, qui n'ait été suffisamment altéré par la digestion; nous dirons, au contraire, qu'il laisse passer les premiers ceux qui contiennent moins de substances alimentaires, quel que soit l'état sous lequel ils se présentent, lors même qu'ils n'ont subi aucune altération (puisque nous en avons vu qui sortaient comme ils étaient entrés); tandis qu'il retient plus long-temps ceux qui contiennent plus de matériaux en rapport avec les fonctions de l'estomac. Le travail de l'estomac est donc en raison de la quantité de substance nutritive contenue sous un volume donné.

Ici le raisonnement est parfaitement d'accord avec les faits. Supposez dans l'estomac une substance qui ne soit point alimentaire, à quoi servirait que cet organe redoublât d'activité pour l'élaborer, la dissoudre, puisqu'elle ne pourrait rien fournir à la nutrition? Sa présence ne peut que lui être à charge; il doit se débarrasser de ce corps étranger, soit en le laissant passer dans le tube intestinal, soit en le rejetant par le vomissement : mais sa présence fatiguerait aussi inutilement le canal intestinal que l'estomac; aussi c'est presque toujours par le vomissement qu'il est expulsé (1). Une substance purement alimentaire, au contraire, si toutefois il en existe, étant l'excitant naturel de l'estomac, étant le plus en rapport possible avec les fonctions, on conçoit qu'elles doivent s'exercer dans toute la plénitude de leur activité, et ne doivent cesser que quand il n'y a plus rien à élaborer (2).

---

(1) C'est pour cela que l'eau distillée seule ne peut être supportée ; que le quinquina en substance, donné seul, est souvent rejeté par le vomissement. On évite presque toujours cet inconvénient en faisant prendre en même temps au malade quelque aliment léger, comme pour occuper l'estomac ; il arrive très-souvent que le petit lait clarifié produit le même effet, et qu'il est très-bien supporté quand on le prend trouble.

(2) On peut observer la chose à l'œil nu dans certains animaux mollusques, pourvus d'une cavité digestive qui n'a qu'une ouverture pour l'entrée et la sortie des alimens (les polypes, les méduses, etc., etc.). Comme ils sont privés d'organes propres à reconnaître la nature des corps avec lesquels leurs tentacules sont en contact, ils engloutissent indistinctement dans cette espèce de sac tout ce qui se trouve à leur portée. Mais après avoir gardé pendant quelque temps les corps inorganiques, ils ne tardent pas à les rejeter, et gardent d'autant plus long-temps les autres, qu'ils sont plus susceptibles de servir à la nutrition.

Il est bien remarquable que les substances qu'on a regardées dans tous les temps comme lourdes, indigestes, sont effectivement celles qui nourrissent davantage; elles ne sont indigestes que pour les estomacs trop faibles : ce sont celles qui, concentrant davantage les forces vers l'estomac, causent de la somnolence, engourdissent les facultés intellectuelles, comme l'avait déjà très-bien observé Pythagore, comme le savent les hommes sédentaires des villes, les gens de lettres, etc.; mais aussi ce sont ces mêmes substances que préfèrent les hommes de peine, les habitans de la campagne, parce qu'elles apaisent pendant long-temps le sentiment de la faim; c'est pour cela que la viande de porc est d'un usage si habituel chez les paysans et les ouvriers. Hippocrate rangeait ces substances parmi celles qu'il désignait sous les noms de βαρὺς, *pesantes*, ou ισχύρος, *fortes*, qui offrent de la résistance, comme le bœuf, le porc, les œufs, etc. Il avait déjà observé que le pain peu fermenté et peu cuit était plus lourd et plus nourrissant que l'autre, la chimie nous a appris que par la fermentation et la cuisson une partie du gluten se trouve décomposée; aussi le pain bien fermenté et bien cuit de Paris, très-agréable, facile à digérer, ne soutient pas les estomacs robustes, n'apaise que pour un instant la faim, surtout chez les hommes qui font de grandes dépenses de forces; il n'est pas, suivant l'expression d'Hippocrate, ἰσχύρος, *fort*.

Les expériences de M. Gosse sur lui-même (1) lui ont donné des résultats qui s'accordent avec ce que nous venons de dire, sauf quelques particularités qui tiennent probablement à une idiosyncrasie de son estomac. D'après ces expériences, il range parmi les substances qui ne peuvent être digérées dans le temps ordinaire les tendons, les aponévroses de bœuf, de veau, de porc, de volaille, les graisses, les huiles, le blanc d'œuf durci par la chaleur, etc. Il y a ici deux choses à considérer, la propriété nutritive et la cohésion. Nous avons dit que la même substance était plus ou moins promptement digérée, suivant l'état dans lequel elle se trouvait dans l'estomac. Il range parmi les substances moins indigestes que les précédentes, quoique très-difficiles à digérer, la chair de porc sous toutes ses formes, le sang cuit, le jaune d'œuf durci, l'omelette au lard, les pâtisseries, les substances frites au beurre et à l'huile, le pain chaud, et parmi les alimens

(1) *Voyez* la traduction de l'ouvrage de Spallanzani sur la digestion, p. 72.

faciles à digérer, la chair de veau, de poulet, de mouton, de volailles très-jeunes, le lait de vache, les légumes, les épinards, les asperges, les pulpes de fruits, etc., etc.

Ainsi nous pouvons admettre en thèse générale que la digestion exigera de la part de l'estomac un travail d'autant plus prolongé, d'autant plus actif et plus énergique, que sous un volume donné le corps ingéré contiendra plus de molécules nutritives; et nous savons que ce sont les substances animales ou celles des substances végétales qui s'en rapprochent le plus par leur composition.

D'un autre côté, nous avons vu que les substances les moins nutritives, les moins animalisées, étaient celles que le travail de la digestion altérait le plus difficilement, et en même temps celles sur lesquelles les organes digestifs agissaient moins long-temps. Ceci explique une contradiction apparente dont il serait sans cela difficile de se rendre compte. On dit généralement que plus la composition des substances alimentaires est simple, plus elle s'éloigne des caractères de l'animalité, plus ces substances sont aussi réfractaires au travail de la digestion, plus elles sont difficilement transformées en notre propre organisation, et réciproquement : ce qui est parfaitement d'accord avec ce que nous avons dit des différens degrés d'altération des différens alimens à leur sortie par la plaie ; et cependant ces matériaux sont généralement regardés comme légers, faciles à digérer, parce qu'ils passent sans fatiguer les organes digestifs.

On explique aussi par là très-facilement pourquoi toutes les substances très-nourrissantes ôtent tout à coup l'appétit (les œufs, les viandes fortes , etc., etc.), pourquoi, lorsqu'on n'éprouve plus que du dégoût pour ces alimens, on mange encore avec plaisir des légumes, des fruits, de la salade, etc., sans que l'estomac se trouve surchargé, incommodé par cette addition, quelquefois plus considérable que la première ingestion. Ces derniers, en effet, traversent l'estomac sans s'y arrêter long-temps; il n'est pas fatigué par leur présence, parce qu'il n'agit pas sur eux. On ne peut pas attribuer à une autre cause la prédilection des femmes, des enfans, et en général des personnes qui n'ont pas un estomac robuste, qui font peu d'exercice, pour les substances peu nutritives, qu'on appelle en général *crues*, comme les fruits, etc., et leur répugnance pour les alimens forts, ἰσχυροὶ, qui sont, pour leur estomac, pesans et indigestes.

J'ai vu très-souvent dans les inflammations intenses de l'estomac les malades tourmentés par la soif ne boire qu'avec répugnance l'eau de gomme, l'eau de veau, l'eau sucrée, l'eau d'orge, et vomir leur tisane peu de temps après l'avoir avalée, tandis qu'ils buvaient avec avidité de la limonade, de l'eau pure, quand ils pouvaient s'en procurer, et ces boissons étaient rarement vomies. J'ai cherché longtemps à me rendre raison de cette différence. Il me semble qu'il n'y en a pas d'autre que la présence, dans les premières boissons, d'une certaine quantité de matière alimentaire : un peu de gomme, de gélatine, de sucre ou de fécule de plus ou de moins, dans l'état où se trouve l'estomac, peuvent exiger, pour être digérées, un travail qui n'est plus en rapport avec sa sensibilité.

J'ai vu un grand nombre de malades affectés d'inflammation chronique de l'estomac depuis plusieurs mois, accompagnée d'une petite fièvre, de sécheresse de la peau, avec sensibilité à l'épigastre, perte d'appétit, maigreur extrême, etc... : ils avaient le plus vif désir de manger des crudités, comme des fruits, surtout des fruits acides, enfin une foule de substances qui sont à peine regardées comme alimentaires ; mais pour leur rendre des forces, on leur faisait prendre des consommés, des gelées animales, qui leur causaient des pesanteurs d'estomac et des vomissemens. Leur répugnance pour les substances animales était si grande, et leur penchant pour les végétaux si prononcé, que plusieurs ont en secret satisfait leurs désirs sans garder de mesure, et ils n'en ont pas éprouvé d'accidens. La plupart de ces malades, traités à l'Hôtel-Dieu par M. Récamier, ont été parfaitement rétablis au bout de deux ou trois mois par la seule diète lactée. N'est-ce pas ainsi qu'il faut expliquer la guérison, par le lait d'ânesse, de certains malades arrivés au dernier degré de marasme, et qu'on a cru phthisiques?

Une chose à laquelle on n'a pas fait assez d'attention, c'est que, dans les convalescences des maladies aiguës en général, où les rechutes sont si fréquentes, ce ne sont pas ce qu'on appelle les crudités qui causent les indigestions les plus graves, mais bien les alimens les plus sains et les plus nourrissans. C'est surtout à la suite des inflammations des organes digestifs qu'on peut faire cette remarque : rien, par exemple, ne rappelle plus promptement un dévoiement que les substances animales. Enfin, l'expérience a appris aux médecins observateurs que les pruneaux, les pommes cuites, etc., étaient les seuls alimens qu'on pût permettre dans les premiers momens de la convalescence; ils ne permettent d'alimens plus nourrissans qu'à mesure que les forces se rétablissent.

Tous ces faits sont donc parfaitement d'accord avec les conséquences que nous avions tirées de nos observations sur les malades affectés d'anus contre nature; ils démontrent de plus en plus :

1°. Que, s'il est vrai que les substances alimentaires les plus animalisées sont celles qui nourrissent davantage, *et vice versâ*, il ne s'ensuit pas qu'elles sont plus promptement digérées ;

2°. Qu'au contraire le travail de la digestion est d'autant plus long et plus pénible, que, sous un volume donné, l'aliment contient plus de matériaux nutritifs, *et vice versâ;*

3°. Que les alimens ne sortent pas de l'estomac dans l'ordre suivant lequel ils ont été introduits, mais que ce ne sont pas ceux qui sont les premiers altérés par la digestion qui sortent les premiers; que ce sont ceux qui, contenant moins de matériaux alimentaires, sont plus réfractaires aux forces digestives.

Action des intestins.

Nous avons vu que beaucoup de substances sortaient par l'ouverture contre nature comme elles avaient été introduites dans l'estomac;

qu'elles étaient plus ou moins altérées chez les différens malades, suivant qu'ils les conservaient plus ou moins de temps; que toutes les autres circonstances doivent faire attribuer cette différence au plus ou moins de longueur de la portion d'intestin qui s'étend de l'estomac à la plaie. Or, quand ces mêmes substances ont pu parcourir toute l'étendue du canal intestinal, il arrive rarement qu'elles soient reconnaissables. Il est donc très-probable que la digestion ne se borne pas seulement à l'estomac, qu'elle continue dans toute la longueur des intestins; que les fonctions de ces derniers ne se bornent pas à l'absorption du chyle contenu dans la pâte chymeuse, à faire le départ des particules alimentaires d'avec celles qui ne le sont pas.

On peut même dire que, pour quelques-unes de ces substances (celles qui franchissent le pylore sans avoir été altérées) la digestion commence dans les intestins. M. Gosse, d'après ses expériences, pense aussi que la digestion se continue dans toute la longueur des intestins. Je dois dire ici que je n'ai jamais vu le chyle séparé de la masse alimentaire formant, comme on le dit, une espèce d'émulsion à la surface du chyme; et même je n'ai jamais pu en voir d'une manière distincte; ce qui me fait croire que son absorption se fait molécule à molécule, et qu'il n'est réellement réuni de manière à pouvoir être aperçu, que dans les vaisseaux chylifères.

Ceux de ces malades chez lesquels la totalité des matières passait par la plaie, n'en rendaient pas moins, tous les cinq ou six mois, par l'anus naturel, une espèce de tampon très-gros et très-dur, de couleur grisâtre, qui n'était autre chose que des mucosités sécrétées par la membrane muqueuse comprise entre l'ouverture accidentelle et les sphincters, mucosités qui s'étaient rassemblées peu à peu et épaissies dans le rectum; ce qui prouve que les membranes muqueuses continuent toujours leur sécrétion lors même qu'elles ne remplissent plus leurs fonctions.

J'ai comparé la formation de ce tampon à celle du méconium du fœtus. Je n'y reviendrai pas. J'ajouterai seulement que, quand on a rétabli la continuité du tube intestinal, et que les alimens commencent à passer par le bout inférieur, les malades éprouvent des coliques extrêmement vives, des pincemens très-douloureux, accompagnés de borborygmes. Il survient, en un mot, une espèce d'inflammation de la membrane muqueuse, d'où résulte un dévoiement copieux, qui dure environ une semaine. Ce fait peut donner une idée du pouvoir de l'habitude, puisque la membrane muqueuse intestinale est douloureusement affectée par la présence de son stimulant naturel.

Nous pourrions, au reste, citer plus d'un exemple semblable pour les autres organes de l'économie. C'est, par exemple, de cette manière que sont produites trop souvent les inflammations de la rétine, lorsqu'à la suite d'une opération de cataracte cette membrane est vivement affectée par l'impression de la lumière, dont elle avait été privée depuis long-temps. On sait quelles précautions on a été obligé de prendre pour éloigner du bruit les sourds de naissance auxquels on est parvenu à rendre l'ouïe.

Je ne me suis occupé que de la discussion des faits que j'avais observés, j'ai tâché de n'en déduire que des conséquences rigoureuses; mais il n'est pas de fonction qui présente autant d'anomalies que la digestion, aucun organe qui soit comme l'estomac sujet aux caprices les plus bizarres. Il existe, pour ainsi dire, autant de nuances entre les forces digestives, autant d'appétits particuliers que d'individus, et tout cela change encore avec l'âge et une foule de circonstances accidentelles. Ce n'est donc que sur un grand nombre d'observations qu'on peut établir quelques propositions générales, encore rencontreront-elles toujours beaucoup d'exceptions. Je sais qu'on peut opposer aux faits que j'ai cités des faits contraires; mais sont-ils applicables à l'homme? sont-ils aussi nombreux, aussi constans? Ont-ils été observés dans des circonstances aussi favorables? Expliquent-ils, comme eux, les phénomènes dont nous avons parlé? Les recherches d'anatomie comparée, les *vivisections* ont trop captivé l'attention des physiologistes, ont trop servi de bases à leurs discussions sur la digestion chez l'homme. Sans vouloir nier les grands services qu'elles peuvent rendre à la science, l'immense variété qu'on rencontre dans les organes digestifs des différens animaux n'a-t-elle pas fourni des armes à tous les systèmes? Les expériences sur les animaux n'ont-elles pas été favorables aux opinions les plus opposées?

Quant aux faits observés sur l'homme, je ferai remarquer que le vomissement, résultat d'une indigestion, ne peut rien nous apprendre, puisque les fonctions de l'estomac sont perverties; celui qui a lieu sous l'empire de la volonté semble pouvoir fournir des résultats plus concluans. Et cependant, d'après ce que nous avons vu, si des alimens contenant peu de substance nutritive, comme des fruits, etc., sortent promptement de l'estomac, et qu'on n'ait vomi que deux ou trois heures après le repas, n'a-t-on pas dû en conclure qu'ils ont été plus promptement altérés par les forces digestives de l'estomac? Enfin, dans les observations que chacun peut faire sur lui-même à l'égard des propriétés de tel ou tel aliment, les auteurs ont bien souvent transformé en règle générale ce qui n'était chez eux qu'une disposition individuelle. Si ces irrégularités sont utiles à connaître, ce n'est guère que pour ceux chez lesquels elles se présentent. Les individus affectés d'anus contre nature offrent donc les circonstances les plus favorables à l'étude de la digestion chez l'homme.

Il est à désirer qu'on en profite pour multiplier les observations sur un plus grand nombre d'alimens, et sur les différences que leur préparation culinaire apporte dans les phénomènes de la digestion.

CONCLUSIONS GÉNÉRALES.

En parcourant successivement tous les organes de l'économie, il serait facile de démontrer qu'il n'en est aucun sur les fonctions duquel la chirurgie et la médecine ne puissent fournir autant de faits positifs, directement applicables à l'homme, qu'on peut en puiser par analogie dans la zoologie et les *vivisections*. Nous verrions que les différens tissus qui entrent dans leur composition ne sont pas moins distincts par leurs maladies que par leurs caractères physiques ; qu'ici même la pathologie a devancé la physiologie (M. Pinel avait rapproché les maladies des différentes membranes muqueuses, etc., avant que Bichat ait publié son *Traité des Membranes*), et lui a constamment fourni ses matériaux les plus importans. C'est à l'heureux emploi que Bichat en a su faire, qu'il faut attribuer le charme et l'intérêt répandus sur ses immortels ouvrages. Nous verrions que c'est par l'étude de la médecine qu'on peut avoir une idée juste de l'économie dans son ensemble, de cette force vitale (φυσις, ἐνορμον) généralement répandue dans tous ses tissus. C'est par elle qu'Hippocrate est arrivé à la découverte de ces vérités éternelles, fondamentales, qui ne sont pas moins applicables à l'homme sain qu'à l'homme malade. Je n'en citerai pour exemple que cet admirable aphorisme :

Δυὸ πόνων ἅμα γινομένων, μὴ κατὰ τὸν ἀυτὸν

τοπὸν, ὁ σφοδρότερος. Ἀμαυροὶ τὸν ἕτερον (46, lib. 2), qu'on a traduit en tronquant la pensée d'Hippocrate, par *duobus doloribus simul obortis*, etc.

Si une forte douleur en obscurcit une légère, un accès de joie, un mouvement de frayeur, de colère, un chagrin profond, ne produisent-ils pas le même effet? N'est-ce pas par la même loi qu'une suppuration est supprimée par une indigestion; par toute affection morale vive, qu'un exutoire en remplace un autre, etc.? N'est-ce pas par la même loi que, dans l'état de santé, toute digestion un peu laborieuse nuit à la méditation, et réciproquement; que toute sécrétion, toute exhalation copieuse en diminue une autre; que les différens organes de l'économie n'ont jamais en même temps le même degré d'activité; qu'une évacuation de sang habituelle est suppléée par une autre; que toute sensation vive en fait oublier une autre? Et puisqu'Hippocrate a dit δυο πονων, *duobus laboribus*, plutôt que δυο οδυνον, δυο αλγων, il faut croire qu'il avait généralisé sa pensée, qui n'est pas moins vraie en physiologie qu'en pathologie, qui n'est pas moins pour l'hygiène que pour la pratique de la médecine une source féconde d'applications importantes.

Nous pouvons en dire autant de cette autre sentence : *ubi stimulus, ibi affluxus.*

La pathologie et la physiologie sont donc inséparables, et si l'on veut les étudier isolément, on ne peut du moins se dispenser de faire une application continuelle de l'une à l'autre.

FIN.

GUEFFIER, Imprimeur de l'Athénée de Médecine de Paris, rue Guénégaud, n°. 31.

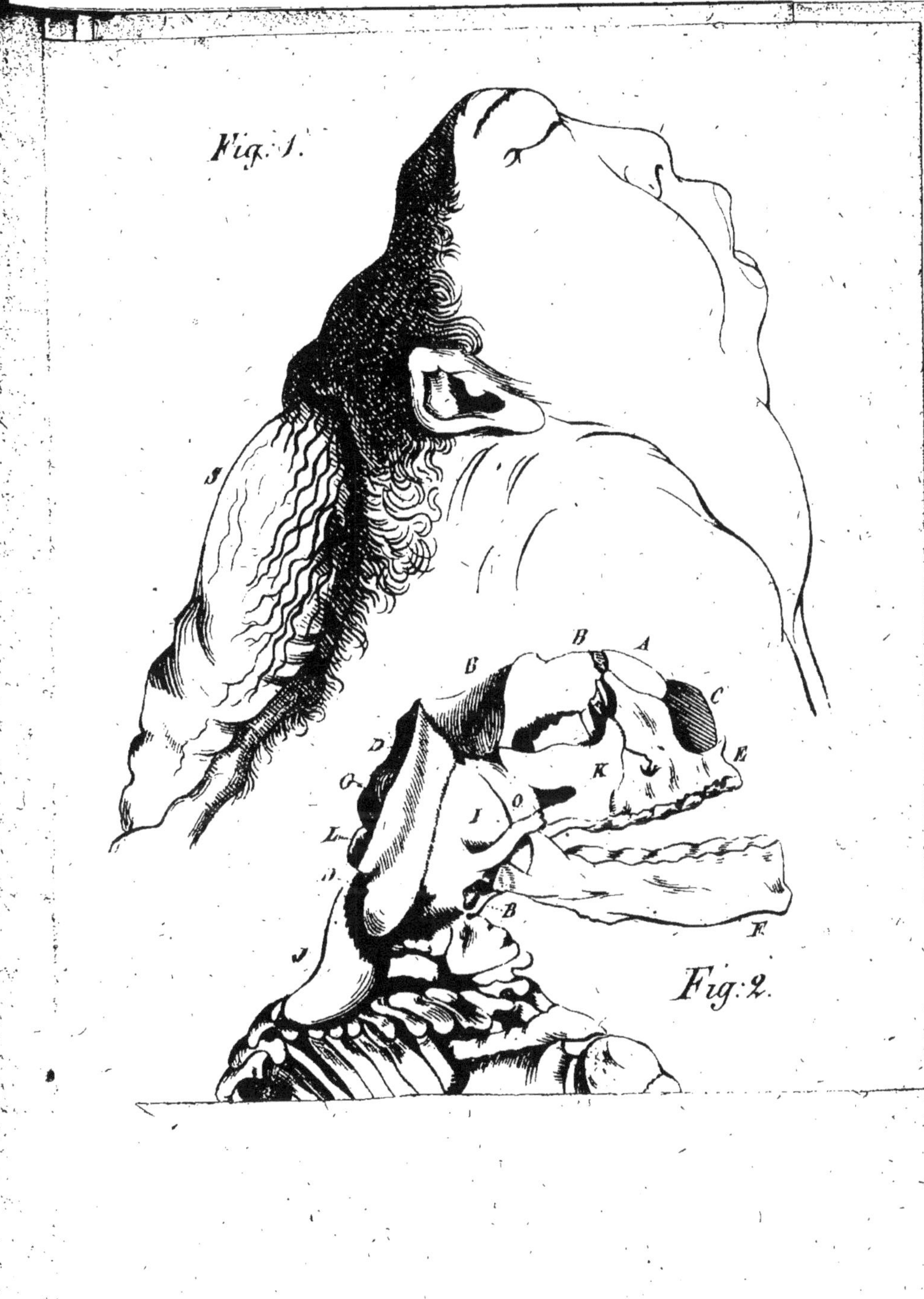
Fig: 1.
S
B
A
B
C
D
E
G
K
O
I
L
D
B
F
J
Fig: 2.

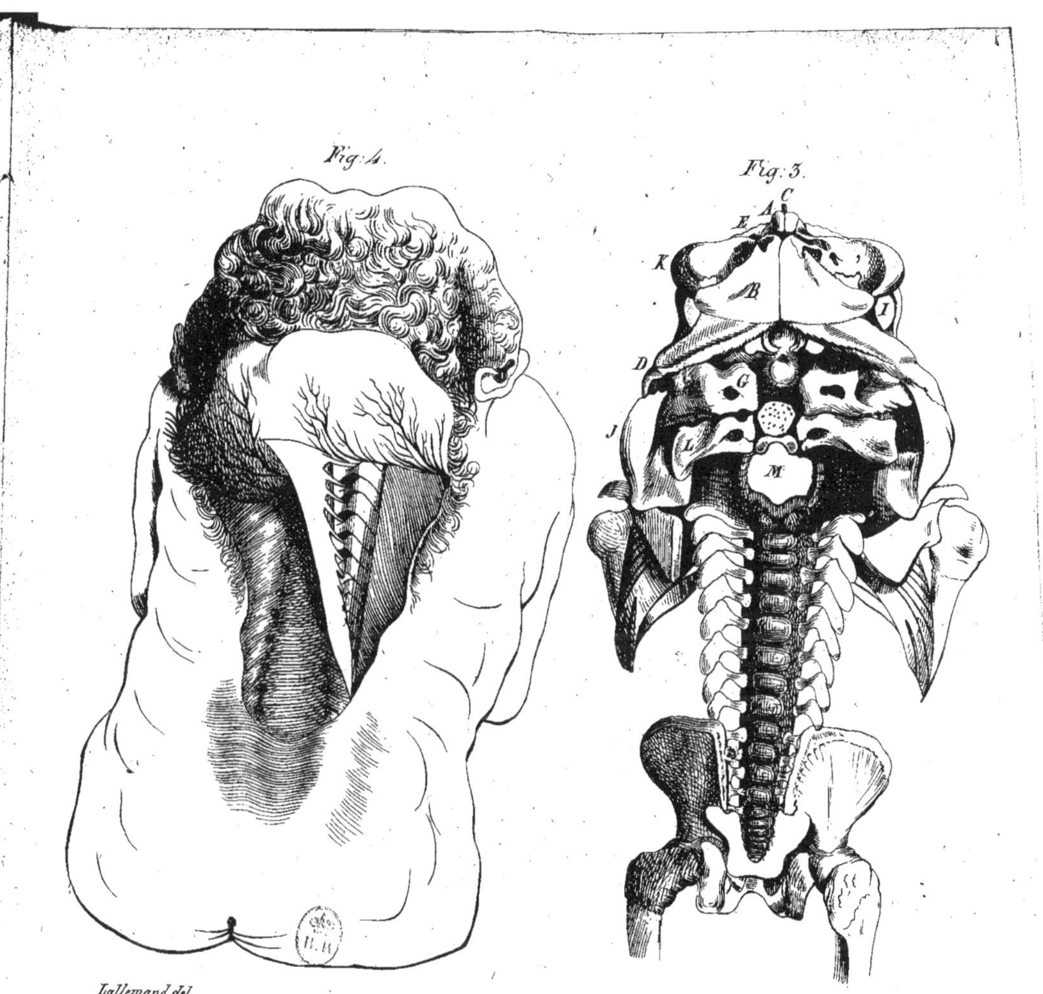

Lallemand del.

www.ingramcontent.com/pod-product-compliance
Ingram Content Group UK Ltd.
Pitfield, Milton Keynes, MK11 3LW, UK
UKHW022109190726
13855UKWH00002B/739

9 782013 067348